简单易学的
裱花蛋糕

阿瑛 主编 刘科元 编著

人民邮电出版社
北京

图书在版编目（CIP）数据

简单易学的裱花蛋糕78款 / 阿瑛主编 ; 刘科元编著
. -- 北京 : 人民邮电出版社, 2018.9
ISBN 978-7-115-48592-2

Ⅰ. ①简… Ⅱ. ①阿… ②刘… Ⅲ. ①蛋糕－糕点加
工 Ⅳ. ①TS213.23

中国版本图书馆CIP数据核字(2018)第137863号

内容提要

本书是一本裱花蛋糕类基础教学参考书。它的内容全面、步骤详细，配有清晰的实物图片，让读者更直观地了解裱花蛋糕的制作方法和装饰效果，是学习蛋糕裱花的必备图书。

本书共有五个部分，第一部分讲解蛋糕入门知识，包括裱花原料、工具及创意设计思路；第二部分讲解裱花装饰制作基础技法，包括字体书写、巧克力配件制作、花边制作、造型制作等14个基本技法；第三部分讲解常见花卉蛋糕制作方法，包括玫瑰花、百合花、荷花等19种花卉蛋糕做法；第四部分讲解十二生肖蛋糕制作方法；第五部分讲解各种节日祝福蛋糕制作方法。

本书可作为蛋糕房学徒的培训用书，也可作为裱花蛋糕爱好者的阅读参考书。

◆ 主　　编　阿　瑛
编　　著　刘科元
责任编辑　王雅倩
责任印制　陈　犇

◆ 人民邮电出版社出版发行　北京市丰台区成寿寺路11号
邮编　100164　电子邮件　315@ptpress.com.cn
网址　http://www.ptpress.com.cn
北京捷迅佳彩印刷有限公司印刷

◆ 开本：787×1092　1/16
印张：10　2018年9月第1版
字数：314千字　2018年9月北京第1次印刷

定价：59.80元

读者服务热线：(010)81055296　印装质量热线：(010)81055316
反盗版热线：(010)81055315
广告经营许可证：京东工商广登字20170147号

特别鸣谢：

感谢深圳市刘科元艺术西点蛋糕培训学校对编写本书的大力支持！

深圳市刘科元艺术西点蛋糕培训学校位于全国最具活力的城市——深圳，并在我国昆明市及长春市、缅甸曼德勒设有分校。刘科元艺术西点蛋糕培训学校是由全国工商业联合会烘焙公会常务理事、全国工商业联合会烘焙公会培训教育专业委员会专家委员、全国饭店业国家级评委、国家职业技能竞赛裁判员、“十一五”国家重点音像出版规划《一技之长创天下》多媒体丛书作者之一、《中国烘焙》和《中国烘焙产业》等杂志专家顾问、《中华烘焙》杂志编委、国家西式面点高级技师的刘科元老师创办，拥有一支技术力量雄厚的师资队伍。

刘科元艺术西点蛋糕培训学校曾自主研发蛋糕裱花工具和出版蛋糕烘焙教材，是《中国烘焙》《烘焙商务》《中国烘焙产业》杂志深圳发行站，被中国烘焙公会评为“2009年中华烘焙优秀培训机构”，并获2010年“中国十大诚信执业培训机构”奖，是全国工商业联合会烘焙业公会指定培训基地、美国尚誉生物制品有限公司技术研发基地。该校培训项目有：西点蛋糕技术培训、蛋糕面包制作培训、生日蛋糕裱花培训、巧克力造型培训、翻糖蛋糕技术培训、拉糖艺术技术培训、高档酒店点心培训、欧式蛋糕技术培训、欧式面包烘焙培训和咖啡饮料技术培训等，致力打造中国一流的艺术蛋糕培训机构。

XU YAN

序言

到目前为止，刘科元艺术西点蛋糕烘焙培训教育连锁机构经历了近十六个年头，今天我们又翻开了崭新的一页。很多同行对我们有诸多的疑惑与不解：为什么你们出那么多书？为什么要那么多老师？为什么要全国联办分校……面对这些疑问，我想告诉大家的是，我们不只是一个企业，我们更是技术研发与技术推广的机构，我们的最大愿望就是不断地将我们团队研发的新成果贡献给大家。

多年来，我一直不断追求西点蛋糕技术发展的方向，不断完善自己的教学体系。这些年，我们出版并开发了许多有价值的图书，以供读者学习、借鉴，希望能让更多的西点制作爱好者与从业者从中受益。本书中的内容，都是刘科元艺术蛋糕教研团队不断潜心研发的成果，并经精心挑选、总结、编辑得以呈现。本书以多种分类、构图方式进行详细说明，让大家可以轻松明白地学习到书本上的技术，并运用到实践之中。不管是初学者还是已有经验者，都可以从我们的图书中得到技术上的提高。

相信随着您对西点的深入了解，您便能从学习中感受到由创作带来的喜悦感和成就感，它会使您的人生更加精彩辉煌。

在这里我要感谢参与本书制作的我的学生：林伟城、丁朝文、陈宏志、刘定鹏、林丽娟、刘云芳、黄莹、钟衍、戴瑞林、黄远军、冯玺等。在编写本书的过程中，他们不分昼夜地设计制作作品，精神可嘉，我非常感谢他们！

刘科元

目录

CONTENTS

part 1

part 2

part 3

part 4

part 5

蛋糕入门 part 1

蛋糕是一种古老的西点，以鸡蛋、白糖、小麦粉为主要原料，以牛奶、果汁、奶粉、香粉、色拉油、水、起酥油等为辅料，经过搅拌、调制、烘烤后制成的海绵状点心。

蛋糕的知识

蛋糕最早起源于西方，后来才慢慢地传入中国。最初蛋糕只是用面粉、糖、水等几样简单的材料制作的。

蛋糕最早是只有贵族才能享用到的美味。然而，随着生产力的发展，蛋糕逐渐由一种奢侈的食物转为大众化的食物。通过民间烘焙师的技艺与智慧，蛋糕的种类和样式都有了很大的发展，在流行的过程中，也通过不断变革与创新增加其独特的吸引力。

世界上制作蛋糕最有名的国家当属法国，法国蛋糕就像法国人一样：精致、浪漫、有品位。无论白色、水粉色、水蓝色，还是米色、红色、咖啡色，法国蛋糕师都能运用得随心所欲，款式也非常新潮，对于细节上装饰的运用，蕾丝和各种各样的花是绝对少不了的。所以法国蛋糕外形精致，让人垂涎欲滴。

名品蛋糕的故事

1.生日蛋糕

中古时期的欧洲人相信，生日是灵魂最容易被恶魔入侵的日子，所以在生日当天，亲朋好友都会齐聚身边给予祝福，并且送来蛋糕赠与好运，驱逐恶魔。

现在，许多人都可以在生日时获得一个精美的蛋糕，享受众人给予的祝福。一般的生日蛋糕都会在上面画上寿星的生肖，或写上其名字和祝福，来传达浓浓的情谊。

2.满月蛋糕

在中国，新生宝宝满月，家人总会通过各种方式来为小孩祈福，希望他（她）能健康成长，拥有一个美丽的人生。在当天，外公外婆送小宝宝满月蛋糕，来寄予他们的祝福，希望外孙（女）终生圆圆满满。因为蛋糕是经过“蓬发”而成，所以也有祝福宝宝将来能蓬勃发达的意思。

3.婚礼蛋糕

婚礼蛋糕据传最早出现在古罗马时代。蛋糕一词则出自英语，其原意是扁圆的面包，也有“快乐幸福”之意。那时，贵族举办婚礼，都要做一个特制的蛋糕。在婚宴上，新郎、新娘和前来贺喜的客人会一起分享蛋糕。客人们期望自己也能分享新婚夫妇的幸福与甜蜜，那时的蛋糕是放在新娘头上被切开的，还有祝愿新人多子多孙的含义。

早些时候的婚礼蛋糕十分简易，样式也没有什么变化。现在的婚礼蛋糕则做得越来越奢华了，一般的婚礼蛋糕都会有好几层，然后由新郎和新娘一同切开，寓意将他们的幸福也注入这个蛋糕里面，再分享给每一位亲朋好友。

4.黑森林蛋糕

虽然一直被叫作黑森林蛋糕，但若完整翻译德语的原文应是“黑森林樱桃奶油蛋糕”，而品尝完黑森林蛋糕后会发现它是一种“没有巧克力的樱桃奶油蛋糕”。

相传在很久以前，每当黑森林区的樱桃丰收时，农妇们除了将过剩的樱桃制成果酱外，还会在蛋糕的夹层里塞入新鲜的樱桃，或装饰在蛋糕上；而在打发蛋糕的鲜奶油时，也会加入不少樱桃汁。制作蛋糕胚时，面糊中也加入樱桃汁和樱桃酒。这种以樱桃与鲜奶油为主的蛋糕，因为从黑森林区传出而得名。

虽然在德国不少的糕点师傅会在做黑森林蛋糕时加入不少的巧克力，但黑森林蛋糕真正的主角还是樱桃。

5.起士蛋糕

也叫作起司蛋糕或芝士蛋糕，是西方甜点的一种。有着柔软的上层，混合了特殊的起士，再加上糖和其他的配料，如鸡蛋、奶油和水果等。起士蛋糕通常以饼干作为底层，有固定的几种口味，如香草起士蛋糕、巧克力起士蛋糕，而表层的装饰，通常是草莓或蓝莓。

有时起士蛋糕看起来不太寻常，反而比较像“派”的一种甜点。有记载，起士蛋糕最早源于古希腊，后来由罗马人从希腊传到整个欧洲，在19世纪时再传到了美洲。

6.意大利甜点——提拉米苏

关于提拉米苏的由来，有一个温馨的故事：在“二战”时期，一位意大利士兵要出征了，可是家里什么都没有了，爱他的妻子为了给他准备干粮，把家里所有能吃的饼干、面包混合做成了一个糕点，这个糕点就叫作提拉米苏。每当这个士兵在战场上吃到这个糕点时就会想起他的家，想起心爱的人。

提拉米苏，在意大利语里有“带我走”的意思。相信带走提拉米苏的人带走的不只是美味，还有爱和幸福。

7.奥地利甜点——沙架蛋糕

沙架蛋糕起源于1832年，一位王子的家厨研发出了一种甜美无比的朱古力馅，受到皇室的喜爱。后来，贵族经常出入的沙架饭店也以这款巧克力蛋糕为招牌点心，沙架蛋糕因此得名。然而，它的独家秘方究竟是什么，至今仍是一场争论不休的甜点官司，一家糕饼铺称以重金购买到沙架家族成员提供的原版食谱，沙架饭店则坚持只有他们的蛋糕才是尊重创始者的传统口味。尽管官司未解，但是沙架蛋糕独特的朱古力馅与杏桃的美味组合早已传遍全世界，被数以万计的点心主厨不断遵循创新，最终成为代表奥地利的国宝级点心。

8.奥地利甜点——史多伦蛋糕

在奥地利，史多伦蛋糕物以稀为贵，身价不输给沙架蛋糕。数百年如一日的古朴造型，材料比例成迷，繁复的做法，让史多伦蛋糕充满了神秘感。据说，朝诺糕点铺是史多伦蛋糕神秘美味的源头，它的味道、造型从19世纪以来从未改变过，全都手工制作，而一般人只知道它的成分有杏仁、榛果、糖、朱古力和奥地利独特的圆饼，至于具体食谱和做法，在朝诺糕点铺里也只有两个师傅知道。史多伦蛋糕酥甜迷人，余味悠长，非嗜甜如命者无法多食。即使在朝诺老店，史多伦蛋糕的年产量只有1300个。

9.日本甜点——Castella蛋糕

Castella蛋糕也叫长崎蛋糕，是日式蛋糕的代名词，最早起源于荷兰古国Castella。17世纪，葡萄牙的传教士和商人远渡重洋到达长崎，他们带去的东西，如玻璃、烟草、面包对当地人来说都是新奇的玩意儿。为了建立彼此的友谊，这些外地人想了一些办法来讨好当地人，传教士向贵族分送葡萄酒，向平民分送甜点，商人更是大量制造糕点在街头分送民众。当时，有一种由糖、鸡蛋、面粉制成的糕点大受欢迎，当地人询问得知它是一种从Castella王国传来的甜点。结果当地人就误将Castella当作甜点的名字流传下来，这就是Castella蛋糕的由来。

认识蛋糕裱花原料

1.鲜奶油

常见的鲜奶油有植脂奶油、动物脂奶油、乳脂奶油。在我国应用最广的是植脂奶油，不含胆固醇的植脂奶油因其健康、可塑性强、奶香浓郁、价位适中而深受蛋糕师的喜爱。植脂奶油可做动物、人物、花鸟、植物等各种造型，适合蛋糕表面装饰。动物脂奶油、乳脂奶油适用于慕斯起士蛋糕、小西点等。

色素

2.色素

蛋糕的可食用着色材料之一，既可加在奶油里调色，又能用喷枪喷色。包含红色、黄色、绿色等颜色。

3. 色香油

一种食品添加剂，用于各种甜品以及烘焙类产品的调香、调色及调味。

4. 巧克力酱

巧克力酱是以可可粉和牛奶等为主要原料加工制成的一种美味甜品。它既可作为一种甜品食用，也可用于制作各种甜品、西点、冰淇淋蛋糕、慕斯蛋糕、杯装冰淇淋的外表装饰，还可用在鲜奶油蛋糕的淋面上。

5. 巧克力果膏

呈果膏状的巧克力具有质地柔软、细腻、平滑，软切割性能强的特点，避免了普通巧克力淋面后易裂、易断、易碎的缺陷。一般用于细裱鲜奶油动物、花卉、人物等的外表轮廓，并用于对细节的体现，如人物、动物的表情等，还可直接用于蛋糕、面包、糕点的夹心和装饰蛋糕的抹面、淋面、文字等。

果膏

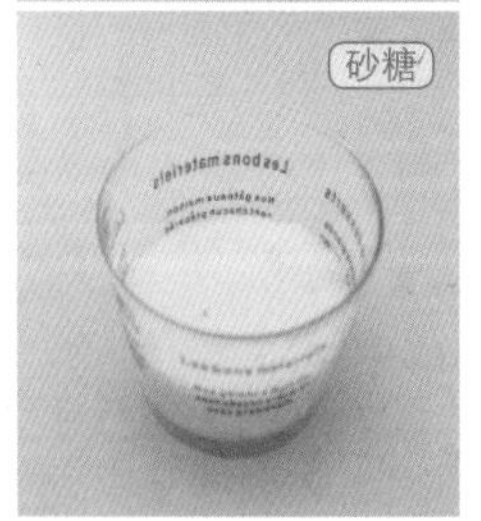
砂糖

果馅

6. 喷粉

一种食品添加剂，用于蛋糕上的鲜奶油、巧克力配件的着色。

7. 果粒果酱

用来制作蛋糕、冰淇淋、奶昔等的夹心及装饰表面。

8. 果膏

用来装饰蛋糕、冰淇淋和小西点的表面，其口味有草莓、葡萄、柠檬、香橙、猕猴桃等。好的果膏能与鲜奶油进行很好的融合，不会出现颗粒或分离现象。

9. 巧克力块

一般规定黑巧克力的可可脂含量不低于18%，白巧克力的含量不低于20%，所以购买巧克力时要注意巧克力的可可脂含量。

10. 米托

用糯米材料做成的米托。米托的型号有大、中、小之分，是配合花棒来使用的，用米托制作的花卉，具有方便、快捷、易操作的特点，所以运用得较多。在使用前最好将米托的包装打开，使其受潮，这样米托不易碎。

认识蛋糕裱花工具

裱花袋

裱花棒

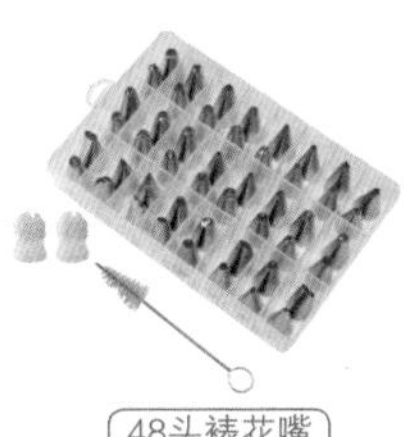
48头裱花嘴

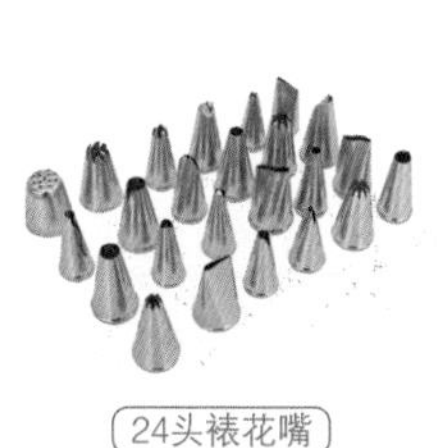
24头裱花嘴

9头裱花嘴

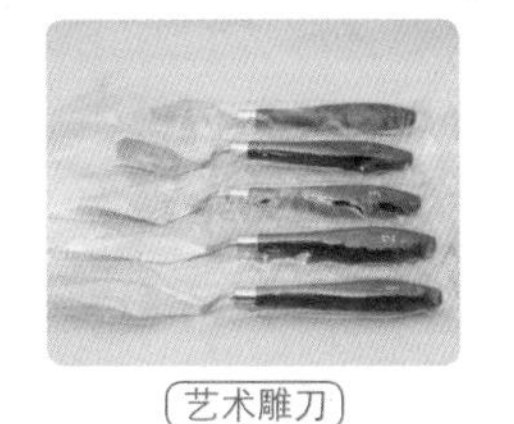
艺术雕刀

牙刀

吻刀

弯角吻刀
汤勺
托盘
塑料刮片
树叶模
食品专用毛笔
食品专用火枪
食品模具
生日蛋糕层架
巧克力装饰模具
巧克力熔炉
巧克力魔术棒
玻璃纸
欧式裱花嘴
木纹根
毛刷
铝合金裱花转盘
克称
搅拌机
多功能小铲
蛋糕模具
蛋糕插牌
打蛋器
吹瓶
长柄胶刮
铲花刀
不锈钢木塑模具
不锈钢粉筛

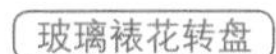

玻璃裱花转盘

心形吸塑模

吸囊

字母模具

认识鲜奶油

鲜奶油打发成浆状后可以在蛋糕上裱花，也可以加在咖啡、冰淇淋、水果、点心上或可直接食用。口感细腻柔滑，带有甜味，很受人们的喜欢。

如何保存鲜奶油

鲜奶油一般都是冷冻保存的，在使用之前需进行解冻。最常用的解冻方法有以下几种：

❶冷藏柜解冻法。将鲜奶油从冷冻柜取出放入冷藏柜（2℃～7℃），最好提前放入冷藏柜，一般冬天是三天，夏天是一天，解冻到留有10%的碎冰为最佳。

❷常温解冻法。将鲜奶油从冷冻柜中取出后放入一个干净的容器内在常温下解冻，注意检查容器不要有裂口，以免解冻后奶油溢出，解冻到留有10%碎冰为最佳。

❸凉水解冻法。将鲜奶油从冷冻柜里取出后放入桶或其他容器内，倒入凉水（注意鲜奶油的外包装不要裂口），水需没过鲜奶油的80%，放置大约5小时，解冻到留有10%碎冰为最佳。

❹微波炉解冻法。将鲜奶油平放到微波炉内，把微波炉调到解冻功能，每隔2分钟打开微波炉，将鲜奶油拿出用双手捏几下再放进去，如此反复几次，直到剩有10%的碎冰为止。这种方法一般用在比较紧急的时候，而且解冻后的奶油打发量较少，表面光滑度下降。

注意：鲜奶油的解冻方法不同，直接影响打发量和稳定性。以上4种方法中第1种是最佳的选择，另外3种的打发量和稳定性依次减弱。

鲜奶油的打发温度和室温有很大的关系，最佳的室温是15℃～20℃。如果室温在0℃～18℃，则奶油的打发温度在4℃～8℃最好；如果室温在18℃～30℃，则奶油的打发温度最好在－4℃～2℃，也就是含有10%的冰粒，没有完全解冻就可以。在以上这两种温度下打发，打发后的奶油温度一般在13℃～16℃，鲜奶油的打发温度会直接影响奶油的打发量、稳定性和口感等，所以在裱花间安装空调来调节温度是非常必要的。

打发鲜奶油的方法

鲜奶油最佳打发状态为半含冰状态，即含10%的碎冰。具体方法如下：

❶打发前将鲜奶油摇晃均匀，然后倒入搅拌缸内，位置不能低于缸内容量的10%，也不能高于缸内容量的25%。最好采用含10%碎冰的鲜奶油进行打发，这样可以提高打发量并延长使用时间。

❷用球状搅拌器打发，先慢速使冰融化再改为中速或快速打发。

❸在打发时，鲜奶油的状态会由稀逐渐变稠，体积也逐渐膨大，打至鲜奶油呈湿性发泡状态（软鸡尾状）。

❹继续快速打发，至接近完成阶段时，可看出打发状态的鲜奶油有明显的可塑性花纹，此时即可改为慢速搅拌以排出空气，然后停止打发。

❺停止打发后，用球状搅拌器插入鲜奶油中向外拉出鸡尾状，此时的鲜奶油可用来制作裱花蛋糕。打发完的鲜奶油应具备光泽且有良好的弹性和可塑性等特点，体积约为原来的4倍。

鲜奶油打发后的储存：鲜奶油最好随用随打，每次少量打发为宜，打发好的鲜奶油若不用，可装进容器放在冷藏柜里保存。在容器表面覆盖保鲜膜，防止表面风干。鲜奶油存放在冰箱的时间过久时，可以重新打发或者再掺加新的鲜奶油一起打发。打发过度的鲜奶油，体积缩小而体质粗糙、颗粒大、有分行状态而不具弹性和光泽，此时可再加入新的鲜奶油重新打发，打至呈现鸡尾状即可。另外需要注意，鲜奶油不能反复解冻，未解冻和未打发的鲜奶油放在冷冻柜内均可存储一年，但未打发的鲜奶油放于2℃～7℃冷藏柜内最多可放置一周，打发好的鲜奶油放置在2℃～7℃冷藏柜内最多可储存3天。

蛋糕装饰的创意与设计

随着我国烘焙业的迅速崛起和蛋糕装饰技术的推广与应用，蛋糕艺术逐渐形成我国烘焙业独具特色的商业风景线。裱花师以其精湛的技艺，丰富的想象力和学识，展示了蛋糕装饰所特有的艺术魅力，牵动着千家万户。由于时代的变迁、生产技术进步、消费观念转变，蛋糕装饰技术的要求也不断提高，顺应消费心理、把握时代脉搏、迎合潮流节拍、创造富有艺术生命的蛋糕装饰作品，一直是裱花师们向往和追求的目标。这就要求裱花师们不仅要具有一定的操作技艺，也要具备较高的创意思维能力及有效的设计表现手法，这样才能成为高级的裱花师。

蛋糕装饰创意与设计是裱花师在创作思维领域的开发及运用能力，要求从业者具有丰富的知识、阅历，具有较高的艺术素养和创意思维能力，具有高尚的职业道德和爱岗敬业精神，从而激发创作灵感和设计表达。

蛋糕装饰的创意思路

创意是蛋糕装饰的第一阶段，对于裱花师来说也是颇为苦恼的事。创意需要花费很多时间和精力，全心投入，不断收集素材，标新立异，创造美的和谐；这也是一个深刻认识的发展过程。

1. 要有明确的创作意图

创意是指裱花师表达的创作意图，表达的内容，都要通过深思熟虑和反复推敲方能确定。在生活中，可以表达的内容很多，但如何表达，怎样才能表达好，这就要求裱花师在创意过程中对表达的内容有深刻认识和理解，并从各个角度思考和确认，去其糟粕、取其精华，创作出最美、最富有内涵的艺术食品。

2.要收集相应的素材

素材对于创作是很重要的。好的素材在于平时的积累，在生活中应该注重素材的收集，加以整理、分类、筛选、集中，它是创意的源泉。

3.要有鲜明的创意主题

主题是裱花师在构思与制作中所围绕的核心。它是裱花师创作的灵魂，是裱花师赋予食品艺术生命的载体，是传达思想感情的桥梁，所以创意主题必须要鲜明。

4.要组织相应的表达内容

蛋糕装饰内容丰富多样，有花草、动物、风景、人物、建筑、文字等，它们是构筑创意设计的基础，应根据题材需要，有选择地组织相应的内容进行表达。

蛋糕装饰的设计要领

设计是蛋糕装饰的第二阶段。经过构思确立主题，选择素材对蛋糕进行表面装饰，设计制作的阶段要考虑到构成、布局、色彩、设计形式等的表现手法，内容与蛋糕的装饰要和谐统一。

总而言之，把食品与艺术完美结合是设计的最终目的。制作精美的装饰蛋糕不但能迎合消费者的心理，还能体现裱花师卓越的敬业精神，更有利于企业的发展，打造企业的品牌形象，所以设计对蛋糕装饰技术的发展至关重要。

1.构成设计

首先，裱花师对蛋糕的基本形状要有所了解，蛋糕胚分圆形、方形、异形三种。其次，蛋糕胚的组合形式有单层、双层和多层三种形式。

圆形：常规型，易生产、易造型，有利于裱花师的设计、制作，有着圆满美好的感觉，为顾客所喜爱。

方形：非常规型，不易生产，造型难，不利于裱花师的设计，多与异形结合构成。

异形：非常规型，制作工序复杂，与圆形、方形结合构成为最佳，形式变化无穷，制作难度大。

单层构成形式：制作速度快，造型简单时尚，易被消费者接受。特别是圆形构成的蛋糕，可有毛笔画、雕画、浮画，立体造型、西式拉胚造型等形式，为大多数裱花师所采用，也深受消费者的喜爱。

双层构成形式：有方形结合异形构成、圆形结合异形构成等，构成形式复杂多样，把握构成布局难度大，要求裱花师有较高的设计水平。

多层构成形式：有均衡式构成、塔式构成等。多层形式给人以气势恢宏的感觉，比较适合喜庆的场面运用，制作层次较多，难度大，要求裱花师有较丰富的制作经验和较高的制作技艺，方能总揽全局。

2.布局设计

布局是对蛋糕表面进行设计的重要环节，也是裱花师技艺高低的衡量标准。布局有对称式、均衡式、放射式、合围式等，这要求裱花师根据蛋糕的构成形式进行合理布局，灵活运用控制，具有把握全局的观念。

对称式：稳定、庄重，但把握不好容易造成蛋糕布局的呆板、僵化。

均衡式：生动、活泼，但把握不好容易产生紊乱和失衡之感。

放射式：有力量和运动之感，但把握不好容易产生松散或膨胀之感。

合围式：有圆满、凝聚之感，但把握不好容易产生紧张或收缩的感觉。

所以，裱花师在设计制作时必须掌握布局的分寸，对布局要有全面的认识和理解，做到分寸必究，才能总揽全局，运筹帷幄。

3.色彩设计

色彩在蛋糕装饰的实践运用中非常重要，要求裱花师懂得必要运用色彩的知识，运用色彩的装饰进行合理的搭配。正确理解色彩的冷、暖特性，掌握主体色、次要色、配色与主题色之间的运用关系，更加有利于蛋糕的设计制作。

色调：是控制总体色彩倾向的那部分颜色，色彩有冷色、暖色、中性色，那么色调相应的有冷色调、暖色调、中性色调。所谓冷色调是指含有蓝、绿、紫占65%以上的颜色，暖色调是指含有红、橙、黄占70%以上的颜色，中性色调是指黑、白、灰、金、银色，属调和色。总之，颜色的变化很微妙，怎样合理运用，关键在于裱花师对色彩的理解和控制。

主体色：是装饰蛋糕色彩的总体控制色彩，即色调定位。

次要色：蛋糕小面积装饰协调色。

配色：局部装饰的点、线色彩。

裱花师在具体装饰蛋糕设计制作中，根据实际操作需要，按蛋糕的创意设计要求，合理搭配色彩的冷、暖色调是非常重要的。

4.设计形式

装饰蛋糕属烘焙食品，源自欧洲，后传入东方。进入中国后，形成东方独特的蛋糕装饰艺术形式，称为中式蛋糕装饰艺术，西方传统与现代抽象艺术的造型形式称为西式蛋糕装饰艺术。

中式蛋糕装饰艺术：装饰蛋糕传入东方，它融入了具有典型东方民俗风格的文化内涵，如花卉、动物，非常注重原材料对形体塑造的表现，把人文趣事、神话融入其中，注重色彩意义的食用价值，它不再是一个普通的蛋糕，而是将食品和艺术等表现手法融为一体的精神食粮。

西式蛋糕装饰艺术：由于装饰蛋糕是短暂的食品艺术形式，在欧洲现代文明的影响下，体现典型西方现代抽象装饰艺术风格特点，注意食品的绿色保健和高品质材质，装饰简洁、朴素、大方或庄重、典雅、华丽，给人以清新悦目的感觉，可谓装饰蛋糕中的上品。

创意与设计的表现手法

制作装饰艺术蛋糕，有了明确的创作意图、好的素材、色彩设计形式后，接下来就是如何表现的问题，一般的表现手法有三种：仿真形式、抽象形式、卡通形式，根据主题的不同，表现手法也就不同。

仿真形式：是指按照某一事物的具体特征进行模仿制作。

抽象形式：是指以某些或单一物像局部的具体特征，进行提炼、概括或夸张的手法创造总结出新的形象概念的形象理念艺术。

卡通形式：介于前面两者之间，既有明显的仿真特征，又有某些抽象的表达形式。

仿真形式是奶油表现史上的一大奇迹，它突破了奶油的局限性，能够如实地反映现实生活中的事物，更加贴近人们的日常生活，同时标志着蛋糕装饰技术进入新的发展阶段，也给更多的企业创造了新的商业机遇。抽象形式是一种特殊的艺术思维模式，是各类知识的综合反映，集造型基础意识形态为一体的形象理念艺术，在蛋糕装饰领域中，要求裱花师具有很高的造诣才能达到。卡通形式具有童趣、可爱的特点，深受孩子的喜爱。

创意设计都是通过内容与形式的完美结合来表达主题思想的，裱花师在设计制作中也要遵循这一规律。内容决定形式的变化，形式符合内容的要求，两者之间相辅相成，俗话说“人靠衣装，佛靠金装”，这句话深刻阐明了内容与形式和谐统一的重要性。

要做到设计的内容与形式完美结合，裱花师应注意以下几点：

❶表达内容与设计形式表现手法的统一。蛋糕装饰创意内容非常丰富，设计形式也由内容而决定：中式装饰蛋糕形象生动活泼，可采用仿真或卡通的表现手法，内容取材于现实生活中的事或物；西式装饰蛋糕简洁、庄重、典雅、朴素，可采用抽象装饰手法，内容取材于生活中的事或物，并进行总结、归纳、提炼和概括，赋予更多的想象。

❷色彩运用与主题内容的协调。主题是装饰创意蛋糕的核心，色彩的搭配运用要按设计要求围绕主题思想来表现，起到烘托、渲染主题的作用，色彩的冷、暖特性对主题的表现影响很大。冷色有冷静、沉着、神秘的感觉；暖色有热烈、奔放、成熟的感觉；中性色有稳重、严肃的感觉；亮丽的色彩给人以天真、活泼的感觉；深重的色彩给人以沉稳、庄重的感觉。色彩的变化是遵循主题的内容而决定的，主题体现色彩的情感。

蛋糕装饰艺术是一种多形式的造型艺术，它遵循艺术作品形式美的法则。形式是艺术蛋糕创意内容存在的方式，是内容物质化的体现。因此，形式应从属于内容，准确而鲜明地表达内容这一要求，形式也因为具有相对独立的审美意味而具有相对的独立性。在多年的艺术蛋糕的创作实践中，我探索出五点必须把握的法则：多样与统一，对比与和谐，比例与尺度，对称与均衡，节奏与韵律。

总之，蛋糕装饰的创意与设计能力是一位裱花师拥有的基本素质，是衡量一位裱花师水平的尺度，也是裱花师事业成功的保证。具备娴熟的操作技术，才能制作出独具个性特征、形式优美的艺术蛋糕作品。

随着人民生活水平的提高，艺术蛋糕已走进千家万户。要想在竞争激烈的商海中立于不败之地，就必须具备高素质的创意与设计能力，制作出更多将食用和欣赏融为一体的光彩夺目的蛋糕装饰精品。

蛋糕裱花 part 2

装饰制作

蛋糕裱花是蛋糕制作的重要部分，包括蛋糕整体的形象设计以及对细节的修饰。本章节介绍了裱花字体的书写方法、巧克力配件的制作、蛋糕抹胚的手法以及蛋糕造型的制作等多方面关于蛋糕裱花技巧的内容，对制作一个精美的蛋糕起着重要作用。

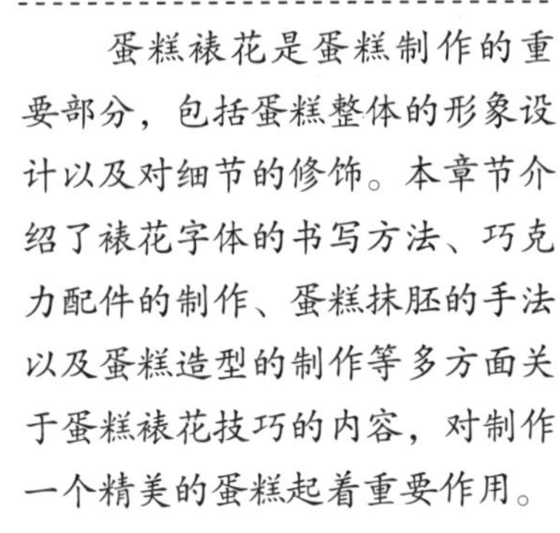

蛋糕字体的书写范例

蛋糕裱花师不可避免地要在蛋糕上书写各类文字，这样才能够突出蛋糕作品的主题，还能为客人写上祝福词语表达其心意。蛋糕裱花师最起码要学会中英文的楷书、行书、草书的书写法，右图所示的是蛋糕上常用的一些字体，可供大家参考。

巧克力配件的制作

巧克力的熔化方法

在蛋糕制作中为了获得更好的造型和口感，往往需要将硬质巧克力充分熔化后再制作成自己想要的造型。硬质巧克力熔化前，可先将巧克力块切碎并放入干燥的容器中，以隔水加热的方法使巧克力熔化成液体备用。在熔化的过程中不断搅动，其水温以不超过80℃为佳，因为巧克力含有大量油脂和糖，若不搅动或温度过高，容易使其变得粗糙且影响光泽。巧克力熔化后的温度以巧克力熔点度加5℃为佳，有的巧克力未标示熔点度，应以80℃的水温隔水熔化为准，原则上只要能使巧克力熔化，温度越低越好。

巧克力在熔化的过程中，不得渗入水或牛奶。有的巧克力因为熔点高或者使用的油脂不同，很难熔化成液态，这种情况下可加入色拉油调节至稀泽状态。但是过多的色拉油会影响巧克力的凝固力，少量的色拉油则有助于提高巧克力光泽度。如果将水分渗在巧克力内，不但不能使巧克力达到稀泽状态，反而会使巧克力形成黏土状态，这是因为巧克力含有的糖会产生吸湿作用。

制作巧克力配件（巧克力花）的简单步骤图

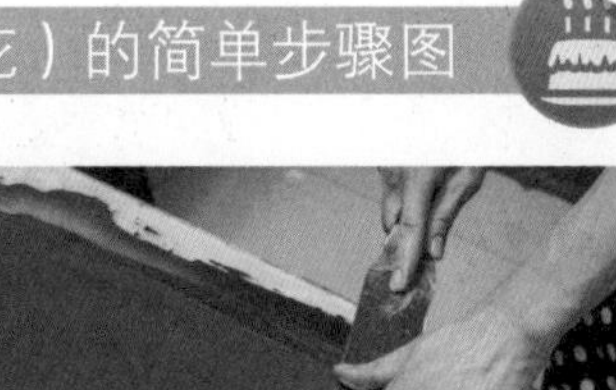

❶ 将巧克力熔化成糊状。

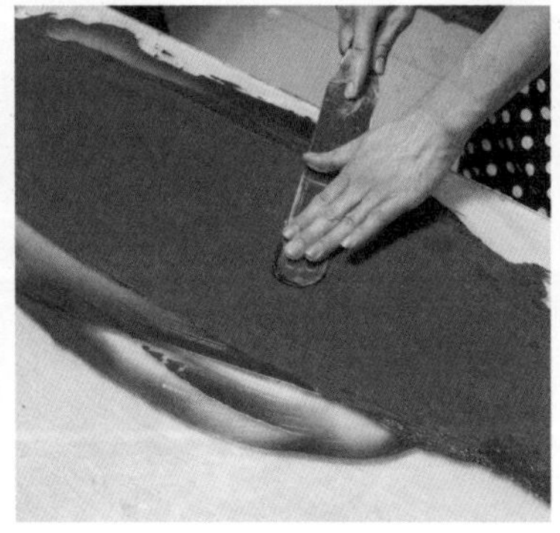

❷ 将巧克力抹匀做成较薄的巧克力平面。

❸ 用铲花技法将抹匀的白巧克力与黑巧克力组合制成巧克力花。

魔术棒工具应用范例

STYLE 1

❶ 将熔化好的巧克力淋在巧克力魔术棒上。

❷ 将魔术棒放在巧克力盆上抖动，使巧克力流动至均匀覆盖。

❸ 取大小合适的玻璃纸贴在桌子上，将巧克力粘在玻璃纸上。

❹ 将魔术棒由上往下拔出，与巧克力分离。用魔术棒尖部在巧克力上画出齿状。

❺ 用同样的方法再制作出多个配件。

❻ 将做好的巧克力配件放入冰箱冷冻一下取出。

❼ 将巧克力上面的玻璃纸撕开。

❽ 如图所示即是制作好的巧克力装饰配件。

STYLE 2

❶ 将熔化好的巧克力淋在巧克力魔术棒上。
❷ 将魔术棒在巧克力盆上抖一下，让上面的巧克力流动至均匀。
❸ 在贴好玻璃纸的桌子上，将一片巧克力居中粘在玻璃纸上。
❹ 左、右两边各粘上一片。
❺ 靠右边的位置粘上一片。
❻ 将做好的巧克力配件放入冰箱冷冻一下取出。
❼ 取出巧克力后将上面的玻璃纸撕开。
❽ 如图所示即是制作好的巧克力装饰配件。
❾ 用同样的方法制作另一款配件。
❿ 注意组合的方法不同。
⓫ 是往一边倾斜的组合。
⓬ 将做好的巧克力配件放入冰箱冷冻一下。
⓭ 将巧克力上面的玻璃纸撕开。
⓮ 如图所示即是制作好的巧克力装饰配件。

STYLE 3

❶ 将熔化好的巧克力淋在巧克力魔术棒上。

❷ 将魔术棒放在盆上抖一下，让上面的巧克力流动至均匀。

❸ 在贴好玻璃纸的桌子上，将巧克力粘在玻璃纸上，将魔术棒与巧克力分离。

❹ 用魔术棒尖端在巧克力中心处绘制一条波浪纹。

❺ 用同样的方法再制作出多个配件，将做好的巧克力配件放入冰箱冷冻一下取出。

❻ 将巧克力上面的玻璃纸撕开。

❼ 如图所示即是制作好的巧克力装饰配件。

STYLE 4

❶ 将熔化好的巧克力淋在巧克力魔术棒上。

❷ 将魔术棒放在盆上抖一下，让上面的巧克力流动至均匀。

❸ 在贴好玻璃纸的桌子上，将巧克力粘在玻璃纸上。将魔术棒由上往下拔出，与巧克力分离。

❹ 用魔术棒尖端在巧克力边沿画出齿状。

❺ 用同样的方法再粘一片组合。

❻ 将做好的巧克力配件放入冰箱冷冻一下取出，将上面的玻璃纸撕开。

❼ 如图所示即是制作好的巧克力装饰配件。

STYLE 5

❶ 将熔化好的巧克力淋在巧克力魔术棒上。
❷ 将魔术棒放在盆上抖一下，让上面的巧克力流动至均匀。
❸ 取大小合适的玻璃纸贴在桌子上，将巧克力粘在玻璃纸上，轻轻松开魔术棒。
❹ 用魔术棒尖端在巧克力两侧画出点状。
❺ 用同样的方法再制作两个巧克力配件。
❻ 将做好的巧克力配件放入冰箱冷冻一下取出。
❼ 将巧克力上面的玻璃纸撕开。
❽ 如图所示即是制作好的巧克力装饰配件。

STYLE 6

❶ 将熔化好的巧克力淋在巧克力魔术棒上。
❷ 将魔术棒放在盆上抖一下，让上面的巧克力流动至均匀。
❸ 在桌子上贴好玻璃纸，将巧克力粘在玻璃纸上，轻轻松开魔术棒。
❹ 用同样的方式，再制作出多个配件。
❺ 用彩喷粉将配件喷上颜色。
❻ 将做好的巧克力配件放入冰箱冷冻一下取出。
❼ 将巧克力上面的玻璃纸撕开。
❽ 如图所示即是制作好的巧克力装饰配件。

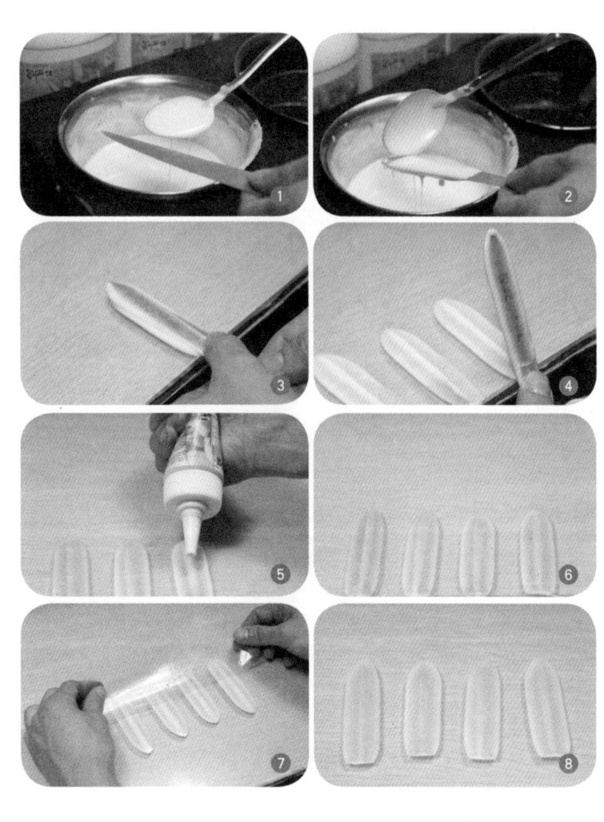

STYLE 7

❶ 将熔化好的巧克力淋在巧克力魔术棒上。
❷ 将魔术棒放在盆上抖一下，让上面的巧克力流动至均匀。
❸ 在桌子上贴好玻璃纸，将巧克力粘在玻璃纸上，再将魔术棒上轻轻松开。
❹ 用彩喷粉将刚完成的这一个巧克力上喷颜色，再以同样的方式往左边粘一个。
❺ 用彩喷粉将左边的巧克力喷上颜色。
❻ 以同样的方式往右边粘一个。
❼ 用彩喷粉将配件喷上颜色。
❽ 做好的巧克力配件放入冰箱冷冻一下取出，将上面的玻璃纸撕开。
❾ 如图所示即是制作好的巧克力装饰配件。

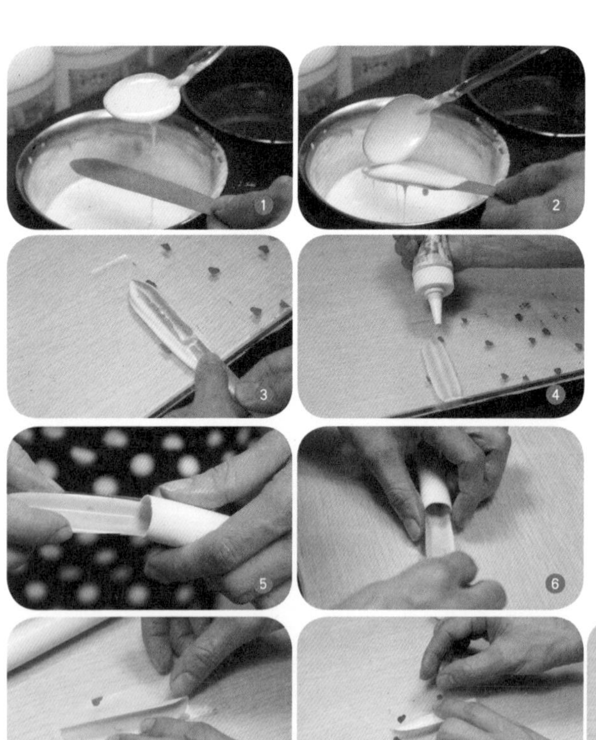

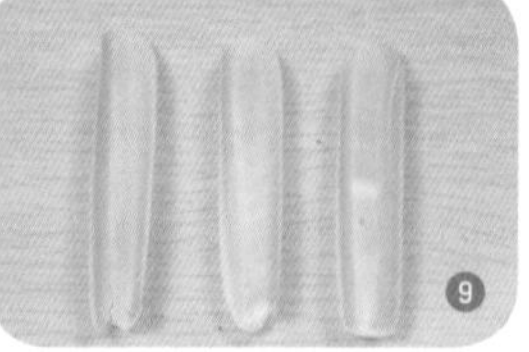

STYLE 8

❶ 将熔化好的巧克力淋在巧克力魔术棒上。
❷ 将魔术棒放在盆上抖一下，让巧克力流动至均匀。
❸ 在桌子上贴好玻璃纸，将巧克力粘在玻璃纸上。
❹ 用彩喷粉将配件喷上颜色。
❺ 将粘有巧克力的玻璃纸放入塑料筒中，进行圆弧造型。
❻ 注意保持平稳，以免巧克力流出。
❼ 将做好的巧克力配件放入冰箱冷冻一下取出。
❽ 将巧克力上面的玻璃纸撕开。
❾ 如图所示即是制作好的巧克力装饰配件。

STYLE 9

❶ 将熔化好的巧克力淋在巧克力魔术棒上。

❷ 将魔术棒放在盆上抖一下，让上面的巧克力流动至均匀。

❸ 在桌子上贴好玻璃纸，将巧克力粘在玻璃纸上。

❹ 将魔术棒由上往下拔出，与巧克力分离，用相同方法做其他两个巧克力配件。

❺ 用彩喷粉将配件喷上颜色。

❻ 将粘有巧克力的玻璃纸卷在塑料筒上面形成弯曲形状。

❼ 将做好的巧克力配件放入冰箱冷冻一下取出，将上面的玻璃纸撕开。

❽ 如图所示即是制作好的巧克力装饰配件。

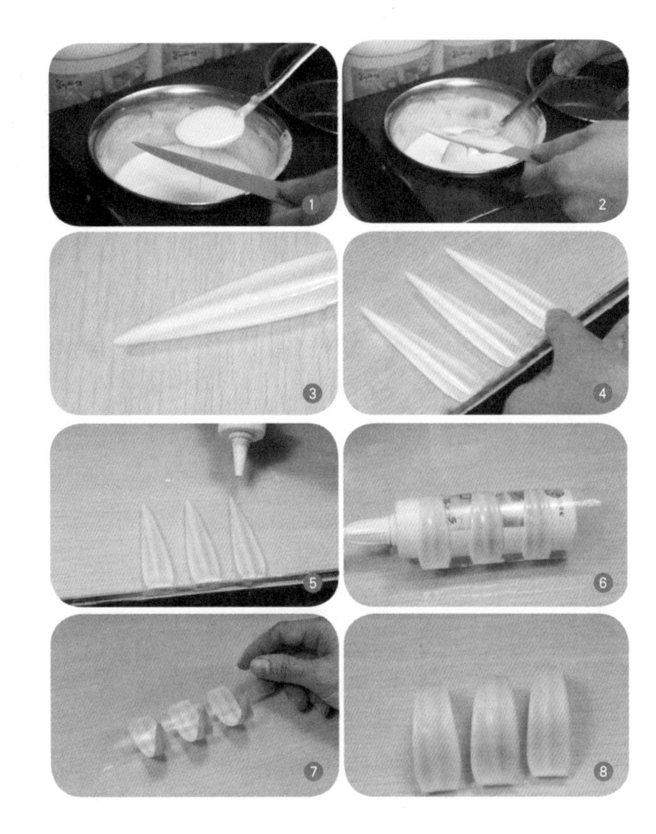

STYLE 10

❶ 将熔化好的巧克力淋在巧克力魔术棒上。

❷ 将魔术棒放在盆上抖一下，让上面的巧克力流动至均匀。

❸ 在桌子上贴好玻璃纸，将巧克力粘在玻璃纸上。

❹ 将魔术棒由上往下拔出，与巧克力分离。用巧克力魔术棒在边沿部分画出花纹。

❺ 用同样的方法再制作出多个配件。

❻ 将粘有巧克力的玻璃纸卷在塑料筒上面形成弯曲形状。

❼ 将做好的巧克力配件放入冰箱冷冻一下取出，将上面的玻璃纸撕开。

❽ 如图所示即是制作好的巧克力装饰配件。

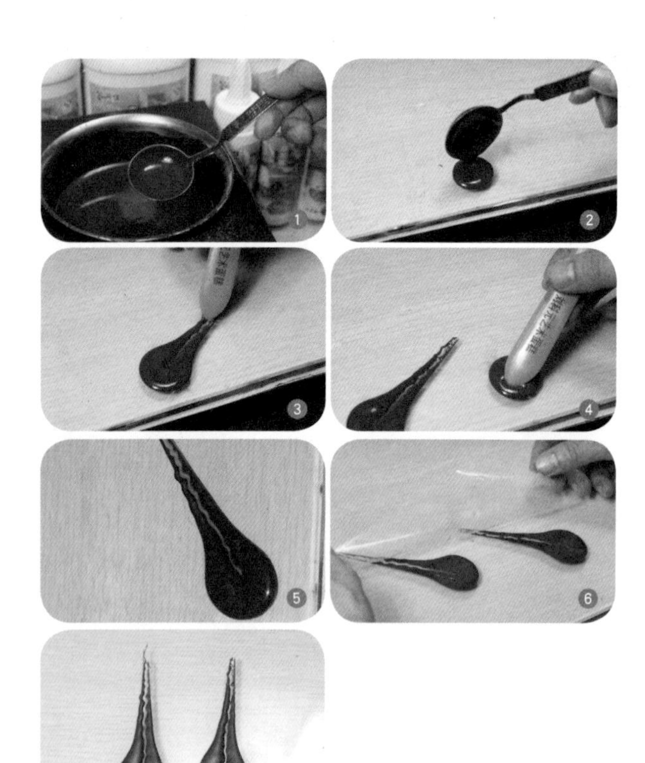

STYLE 11

❶ 取一勺熔化好的巧克力。

❷ 将巧克力倒在贴好的玻璃纸上。

❸ 用巧克力魔术棒将巧克力由内往外刮出如图所示的花纹。

❹ 用同样的方法再制作一个巧克力配件。

❺ 将做好的巧克力配件放入冰箱冷冻一下取出。

❻ 将巧克力上面的玻璃纸撕开。

❼ 如图所示即是制作好的巧克力装饰配件。

STYLE 12

❶ 取一勺熔化好的巧克力。

❷ 将巧克力倒在贴好的玻璃纸上。

❸ 用巧克力魔术棒将巧克力由内往外刮出如图所示的花纹。

❹ 注意刮的角度和均匀程度。

❺ 用同样的方法再制作两个巧克力配件。

❻ 将做好的巧克力配件放入冰箱冷冻一下取出。

❼ 将巧克力上面的玻璃纸撕开。

❽ 如图所示即是制作好的巧克力装饰配件。

STYLE 13

❶ 取一勺熔化好的巧克力。

❷ 将巧克力倒在贴好的玻璃纸上。

❸ 用巧克力魔术棒将巧克力由内往外刮出如图所示的花纹。

❹ 注意刮的角度和均匀程度。

❺ 用同样的方法再制作一个巧克力配件，将做好的巧克力配件放入冰箱冷冻一下取出。

❻ 将巧克力上面的玻璃纸撕开。

❼ 如图所示即是制作好的巧克力装饰配件。

STYLE 14

❶ 将熔化好的巧克力淋在多功能小铲上。

❷ 将多功能小铲放在盆上抖动一下，使上面的巧克力流动至均匀。

❸ 在桌子上贴好玻璃纸，将粘有巧克力的小铲反粘在玻璃纸上。

❹ 轻轻拔出多功能小铲。

❺ 用相同方法多做几个巧克力配件，用彩喷粉将配件喷上颜色。

❻ 将做好的巧克力配件放入冰箱冷冻一下取出。

❼ 将巧克力上面的玻璃纸撕开。

❽ 如图所示即是制作好的巧克力装饰配件。

模具工具应用范例

STYLE 1

❶ 将熔化好的巧克力倒在模具上。

❷ 用抹刀将巧克力抹平，图为抹平后的状态。

❸ 整块巧克力抹平后放入冰箱冷冻一下，反过来放置。

❹ 将巧克力模具轻轻取出。

❺ 如图所示即是制作好的巧克力装饰配件。

STYLE 2

❶ 用裱花袋将熔化好的巧克力挤入模具中。

❷ 注意控制挤出的分量。

❸ 以同样的方法继续挤入，注意不能挤入太多而导致溢出。

❹ 挤好后将模具放入冰箱冷冻一下，取出后反过来放置，将巧克力模具取出。

❺ 如图所示即是制作好的巧克力装饰配件。

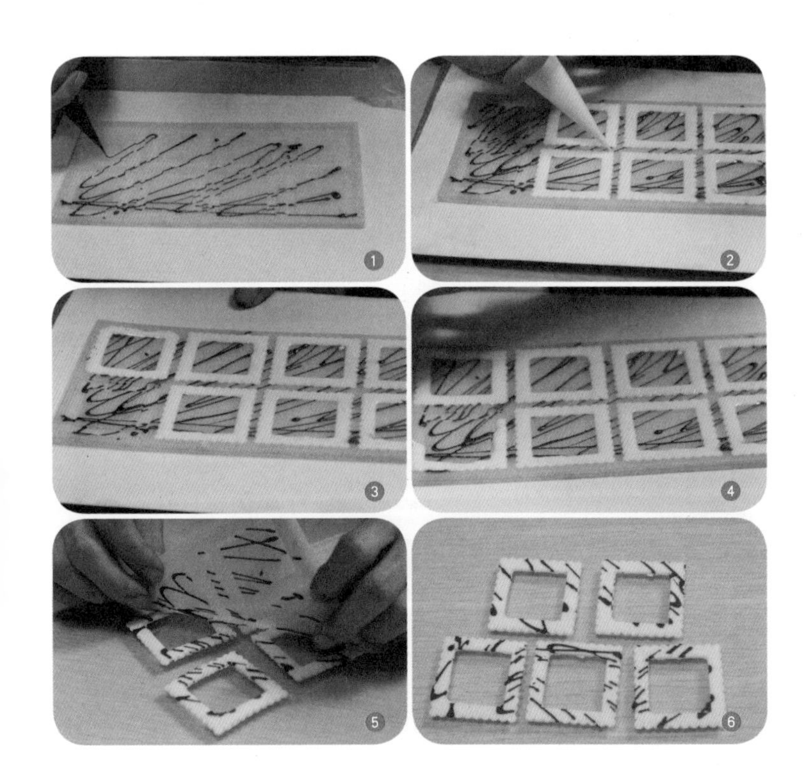

STYLE 3

❶ 用裱花袋将熔化好的黑巧克力在模具中挤出细条纹。

❷ 再用裱花袋将熔化好的白巧克力挤入巧克力模具中。

❸ 注意控制挤出的分量。

❹ 继续以同样的方法挤入，注意不能挤入太多而导致溢出。

❺ 挤好后将模具放入冰箱冷冻一下，取出后反过来放置，将巧克力模具取出。

❻ 如图所示即是制作好的巧克力装饰配件。

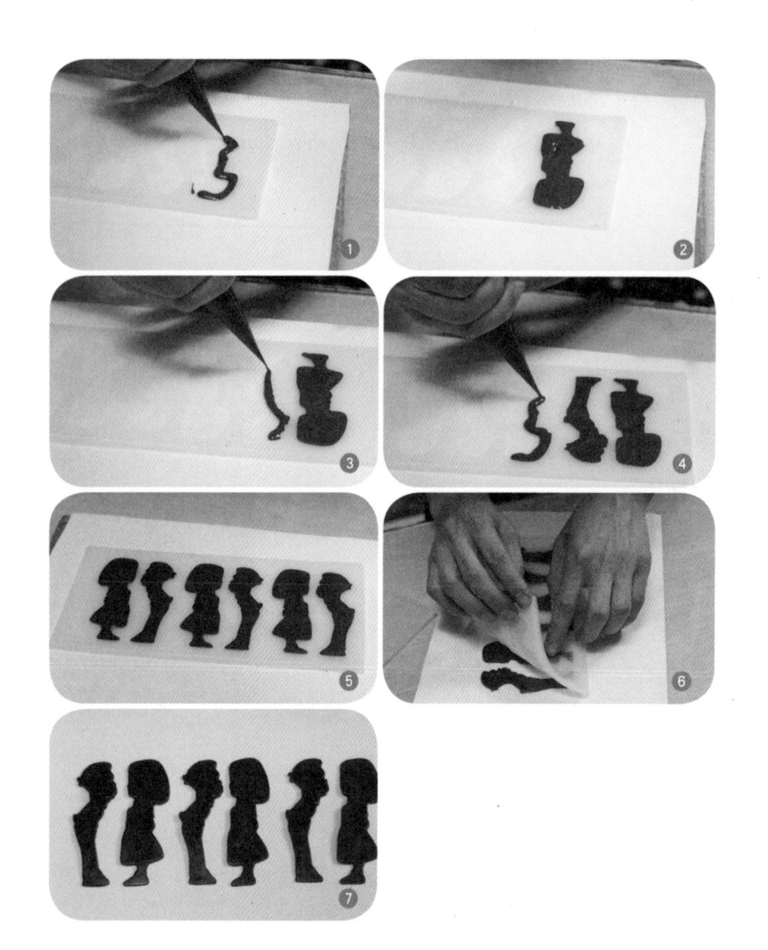

STYLE 4

❶ 用裱花袋将熔化好的巧克力挤入巧克力模具女孩子的轮廓中。

❷ 注意控制挤入的分量。

❸ 将巧克力挤入男孩子的轮廓中。

❹ 以同样的方法继续挤入其他模具中，注意不要挤入太多而溢出。

❺ 挤好后将模具放入冰箱冷冻一下取出。

❻ 将模具反过来放置后，取出巧克力。

❼ 如图所示即是制作好的巧克力装饰配件。

STYLE 5

❶ 用裱花袋将熔化好的巧克力挤入巧克力模具中。

❷ 注意控制挤入的分量。

❸ 以同样的方法继续挤入。

❹ 注意不要挤入太多而导致溢出。

❺ 挤好后将模具放入冰箱冷冻一下，取出后反过来放置，将巧克力模具取出。

❻ 如图所示即是制作好的巧克力装饰配件。

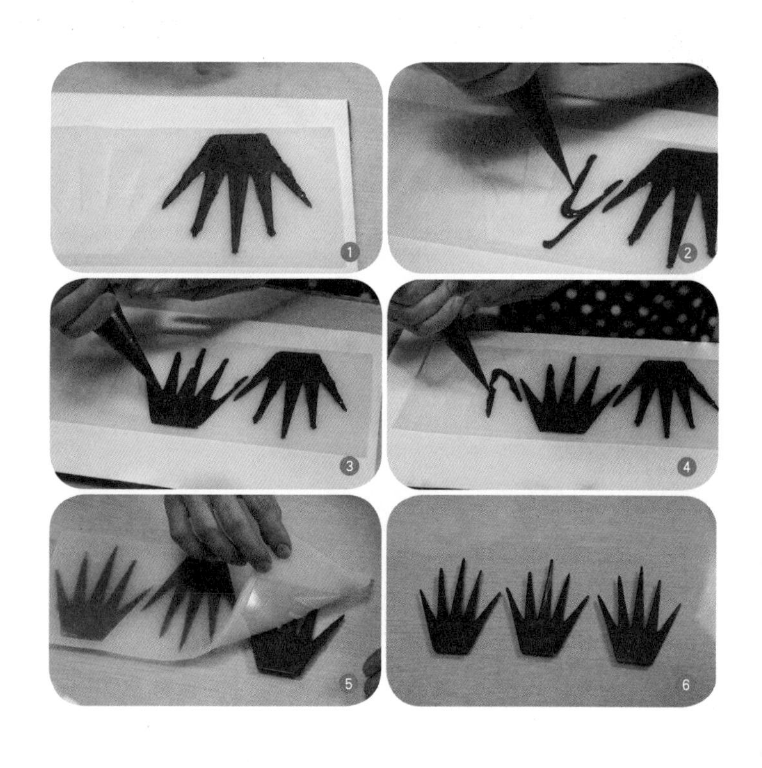

铲花手法应用范例 

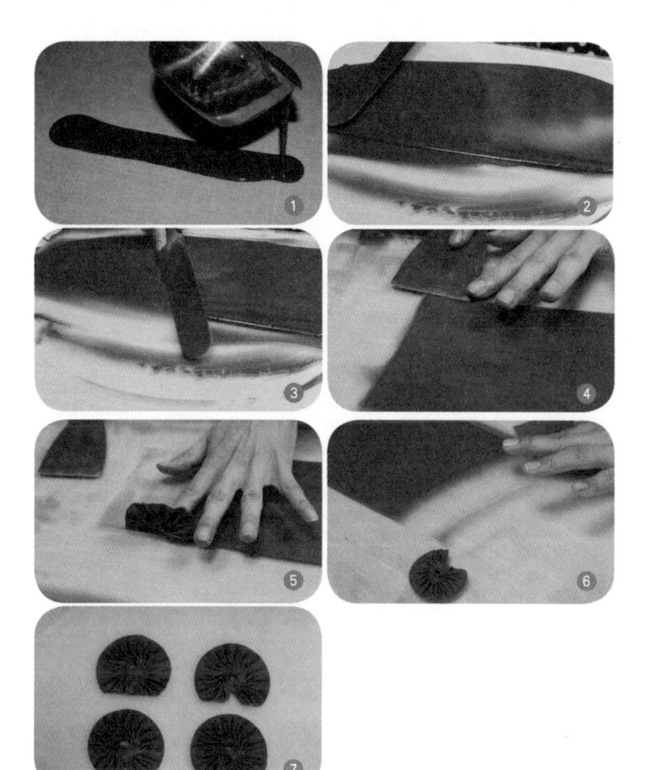

STYLE 1

❶ 将熔化好的巧克力倒在工作台上。

❷ 用吻刀将巧克力抹开，使巧克力面冷热、厚薄均匀。

❸ 注意抹巧克力的时间，要快速反复抹制才可抹出韧性。

❹ 用如图所示的手法开始铲花。

❺ 一定要注意铲花时的手法，铲刀与巧克力的角度为15℃～30℃，食指放在铲刀左边开始1/3处，食指略微伸出一点靠在巧克力表面，手腕向上铲出花型。

❻ 铲出的巧克力花放在工作台上并用手掌压平。

❼ 如图所示即是制作好的成品巧克力花。

STYLE 2

❶ 将熔化好的巧克力倒在工作台上。

❷ 用吻刀将巧克力抹开，使巧克力面冷热、厚薄均匀。

❸ 注意抹巧克力的时间，要快速反复抹制才可抹出韧性。

❹ 用铲花刀在巧克力边沿处划出齿状。

❺ 用如图所示的手法开始铲花。

❻ 一定要注意铲花时的手法。

❼ 铲出的巧克力花放在工作台上并用手掌压平。

❽ 如图所示即是制作好的成品巧克力花。

STYLE 3

❶ 将熔化好的巧克力倒在工作台上。
❷ 用吻刀将巧克力抹开。
❸ 注意抹巧克力的时间，要快速反复抹制才可抹出韧性。
❹ 用如图所示的斜角手法开始铲花。
❺ 一定要注意铲花时的手法。
❻ 铲出的巧克力花放在工作台上并用手掌压平。
❼ 如图所示即是制作好的成品巧克力花。

STYLE 4

❶ 将熔化好的巧克力倒在工作台上。
❷ 用吻刀将巧克力抹开。
❸ 注意抹巧克力的时间，要快速反复抹制才可抹出韧性。
❹ 用铲花刀在巧克力前端划出纹路。
❺ 用如图所示的斜角手法开始铲花。
❻ 一定要注意铲花时的手法。
❼ 铲出的巧克力花放在工作台上并用手掌压平。
❽ 如图所示即是制作好的成品巧克力花。

STYLE 5

❶ 将熔化好的巧克力倒在工作台上。
❷ 用吻刀将巧克力抹开。
❸ 注意抹巧克力的时间，要快速反复抹制才可抹出韧性。
❹ 用铲花刀在巧克力边沿划出纹路。
❺ 用如图所示的手法开始铲花。
❻ 一定要注意铲花时的手法。
❼ 铲出的巧克力花放在工作台上并用手掌压平。
❽ 如图所示即是制作好的成品巧克力花。

STYLE 6

❶ 将熔化好的巧克力倒在工作台上。
❷ 用吻刀将巧克力抹开。
❸ 注意抹巧克力的时间，要快速反复抹制才可抹出韧性。
❹ 用铲花刀在巧克力边沿处划出圆弧纹路。
❺ 用如图所示的手法开始铲花。
❻ 铲出的巧克力花放在工作台上并用手掌压平。
❼ 如图所示即是制作好的成品巧克力花。

STYLE 7

❶ 将熔化好的巧克力倒在工作台上。
❷ 用吻刀将巧克力抹开。
❸ 注意抹巧克力的时间，要快速反复抹制才可抹出韧性。
❹ 用铲花刀在巧克力前端划出三角纹路。
❺ 用如图所示的手法开始铲花。
❻ 铲出的巧克力花放在工作台上并用手掌压平。
❼ 如图所示即是制作好的成品巧克力花。

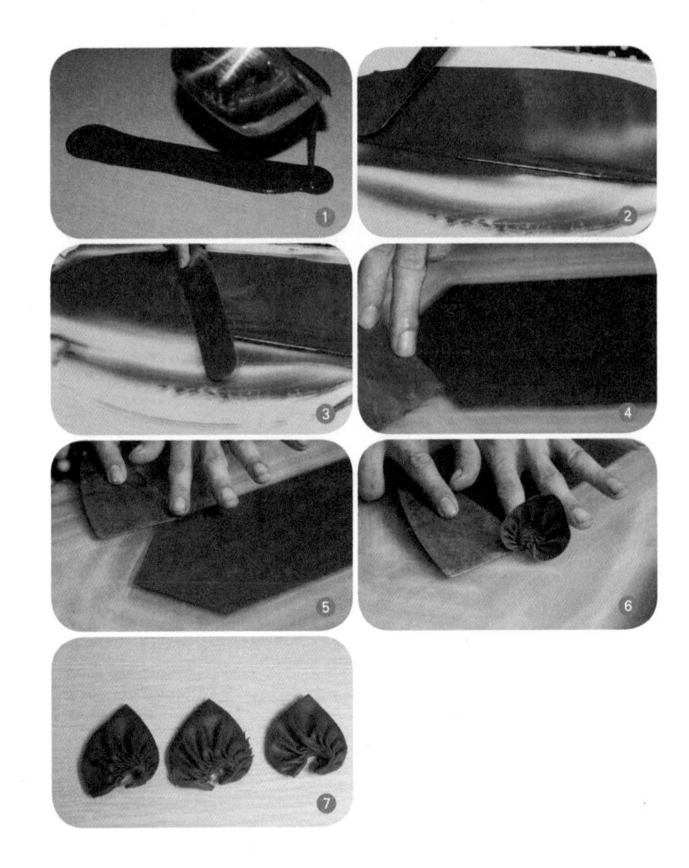

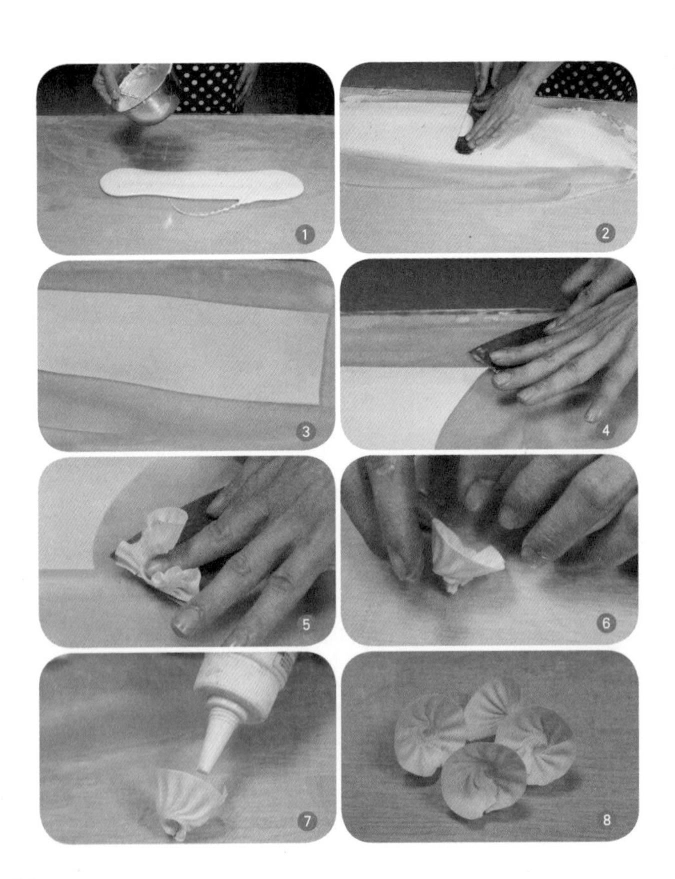

STYLE 8

❶ 将熔化好的白色巧克力倒在工作台上。
❷ 用吻刀将巧克力抹开。
❸ 注意抹巧克力的时间，要快速反复抹制才可抹出韧性。
❹ 用如图所示的手法开始铲花。
❺ 铲花时力度要均匀，注意平衡。
❻ 用最快的速度将铲出的巧克力花卷成喇叭状。
❼ 用彩喷粉将花瓣喷上颜色。
❽ 如图所示即是制作好的成品巧克力花。

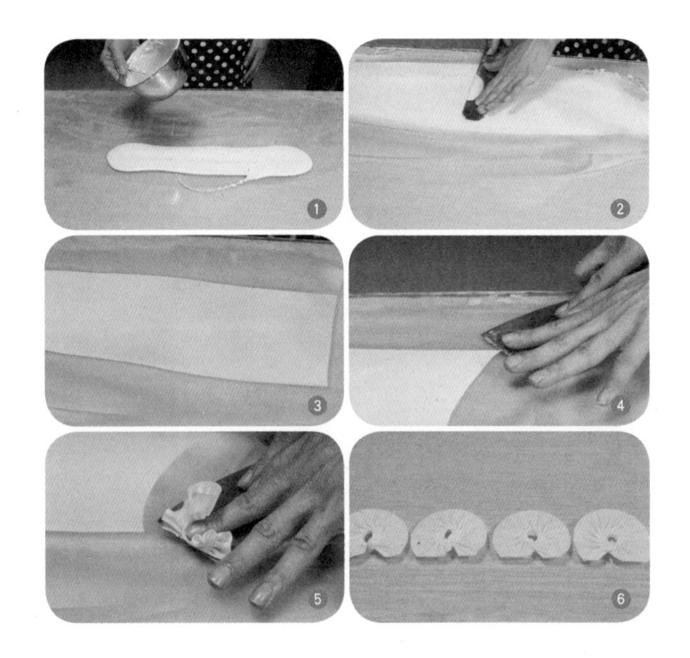

STYLE 9

❶ 将熔化好的白色巧克力倒在工作台上。

❷ 用吻刀将巧克力抹开。

❸ 注意抹巧克力的时间，要快速反复抹制才可抹出韧性。

❹ 用如图所示的手法开始铲花。

❺ 铲花时力度要均匀，注意平衡。

❻ 如图所示即是制作好的成品巧克力花。

STYLE 10

❶ 将熔化好的黑色巧克力倒在工作台上。

❷ 用吻刀将巧克力抹开。

❸ 用齿状三角刮片在黑色巧克力上刮出条纹。

❹ 将熔化好的白色巧克力倒在抹开的黑色巧克力旁边。

❺ 用吻刀将白色巧克力抹开并盖住黑色巧克力。

❻ 注意力度的控制，以免将两种巧克力的颜色混合在一起。

❼ 用铲花刀将巧克力四边修饰整齐。

❽ 用如图所示的手法开始铲花，铲花时力度要均匀，注意平衡。

❾ 如图所示即是制作好的成品巧克力花。

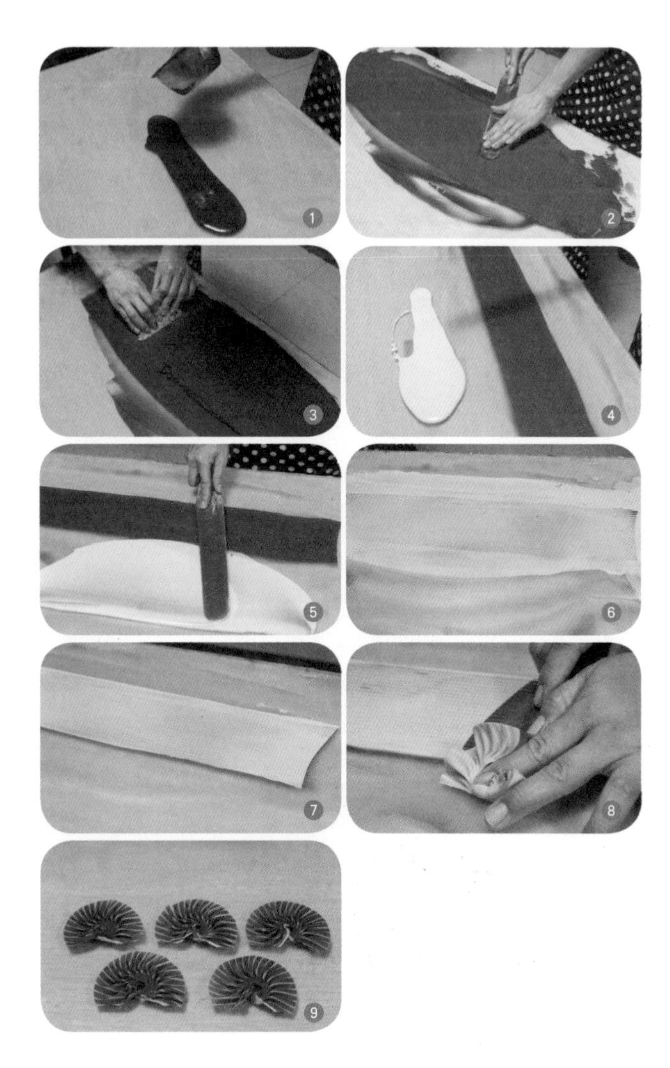

STYLE 11

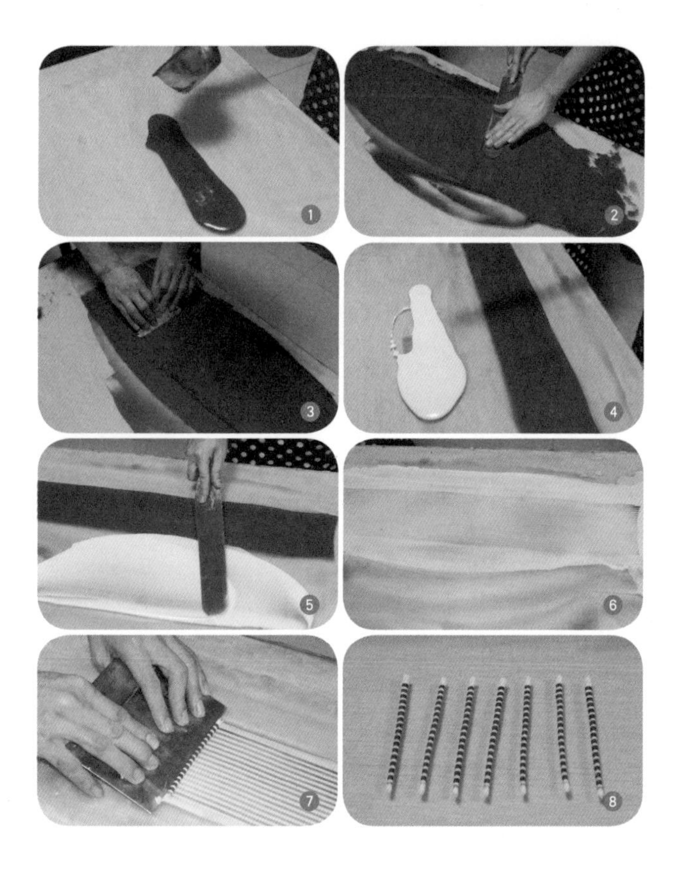

❶ 将熔化好的黑色巧克力倒在工作台上。

❷ 用吻刀将巧克力抹开。

❸ 用齿状三角刮片将抹好的巧克力刮出条纹。

❹ 将熔化好的白色巧克力倒在抹开的黑色巧克力旁边。

❺ 用吻刀将白色巧克力抹开并盖住黑色巧克力。

❻ 注意力度的控制，以免将两种巧克力的颜色混合在一起。

❼ 用铲花刀铲出如图所示的烟卷状。

❽ 如图所示即是制作好的成品巧克力花。

STYLE 12

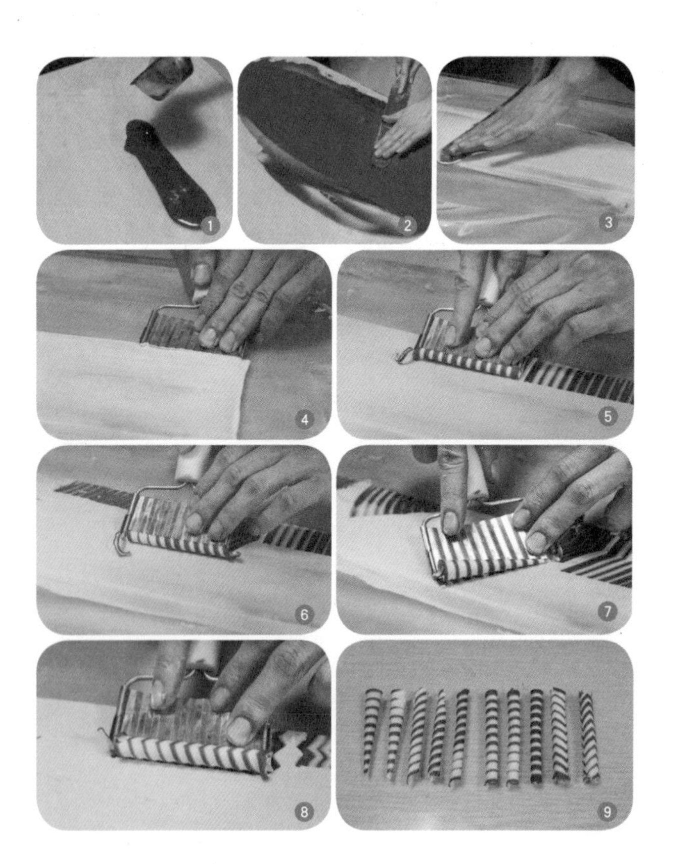

❶ 将熔化好的黑色巧克力倒在工作台上。

❷ 用吻刀将巧克力抹开。

❸ 将熔化好的白色巧克力倒在抹开的黑色巧克力旁边，然后将白色巧克力抹开并盖住黑色巧克力。

❹ 用巧克力魅力造型铲铲出如图所示的多种形状。

❺ 如图所示即平铲（两端平齐）的手法。

❻ 如图所示即斜铲（向一侧成倾斜状）的手法。

❼ 如图所示即铲出喇叭状（一端大、一端小）的手法。

❽ 如图所示即交叉铲法。

❾ 如图所示即是制作好的成品巧克力花。

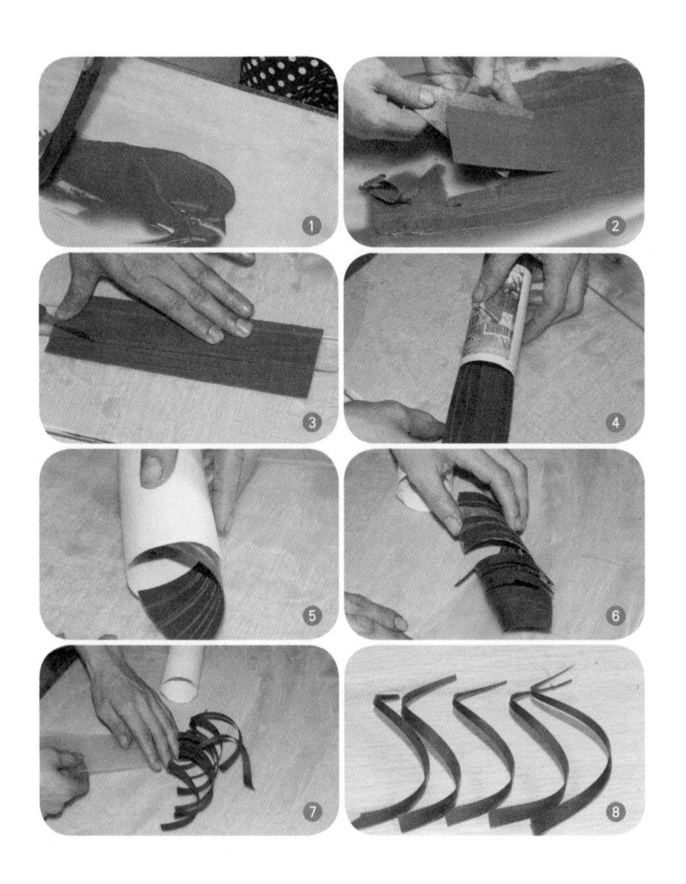

STYLE 13

❶ 在工作台上放一张硬质塑料片，将熔化好的黑色巧克力倒在工作台上。
❷ 用吻刀将巧克力抹开并盖住塑料片，再将塑料片取出。
❸ 用直尺量出所需巧克力的大小，再用小刀划开。
❹ 将划好的巧克力卷起放入塑料筒内。
❺ 将巧克力扭成如图所示的卷状。
❻ 放入冰箱冷藏片刻后取出。
❼ 取出后用塑料片将巧克力轻轻扒开。
❽ 如图所示即是制作好的成品巧克力花。

STYLE 14

❶ 取一张硬质塑料片粘上熔化好的黑色巧克力。
❷ 将粘有巧克力的塑料片平放在工作台上。
❸ 用齿状刮片将巧克力刮成条状。
❹ 注意刮时的力度和均匀度。
❺ 将刮好的巧克力卷起放入塑料筒内。
❻ 将巧克力扭成如图所示的卷状。
❼ 放入冰箱冷藏片刻后取出。
❽ 取出后用塑料片将巧克力轻轻扒开。
❾ 如图所示即是制作好的成品巧克力花。

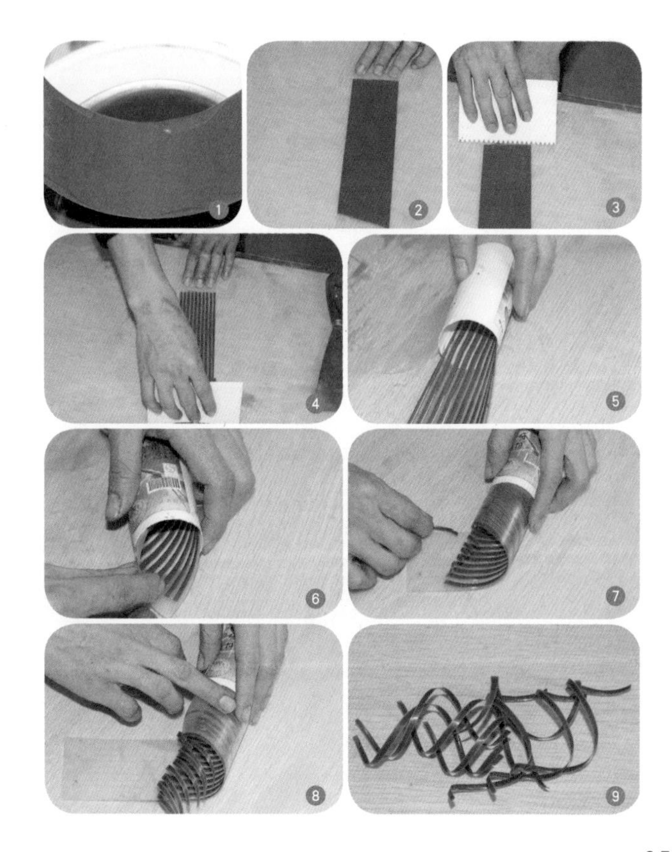

水果的切法

水果摆放得是否到位，颜色搭配得是否好看，是蛋糕制作成功的关键。所以我们要先学会水果的切法，并了解有关于水果的基本常识。

常见的水果分类

1.亮色：青蛇果、红提、火龙果、红毛丹肉、橙子、柠檬、猕猴桃、芒果（杧果）、杨桃（阳桃）、黄桃、车厘子、青樱桃、香蕉、菠萝、鳄梨、青子香梨、哈密瓜、枇杷等。

2.暗色：红蛇果、火龙果、红毛丹壳、草莓、红木香梨、红樱桃、西瓜、无花果、李子、黑布朗。

3.点缀类：开心果、杏仁、核桃、水果干粒。

常见的水果摆法

1.均衡式（层次式）摆法

2.抽象式摆法

3.对称式摆法

4.聚式摆法

水果的切法

STYLE 1

❶ 用水果雕刀从芒果1/3处垂直切开。

❷ 用水果雕刀在芒果表面从一个角度平行切出层次。

❸ 用水果雕刀在芒果表面从另一个角度平行切出层次。

❹ 手指按住皮中间反扣，切口即成锻模展开状。

❺ 形状类似龟壳。

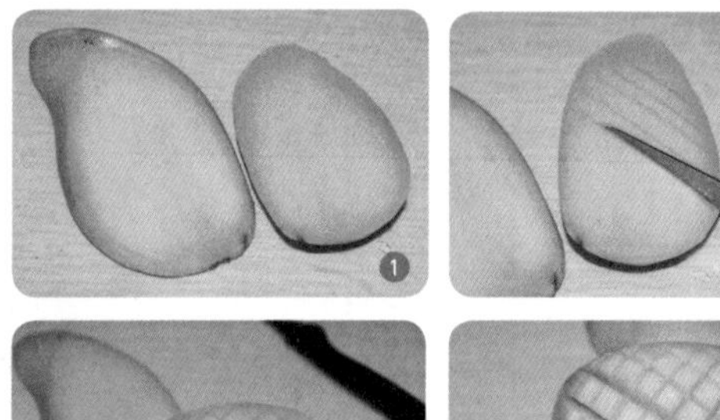

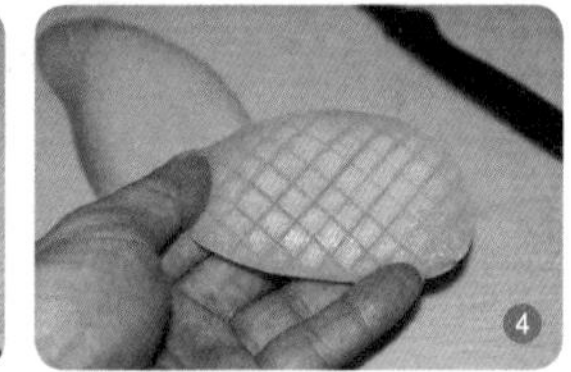

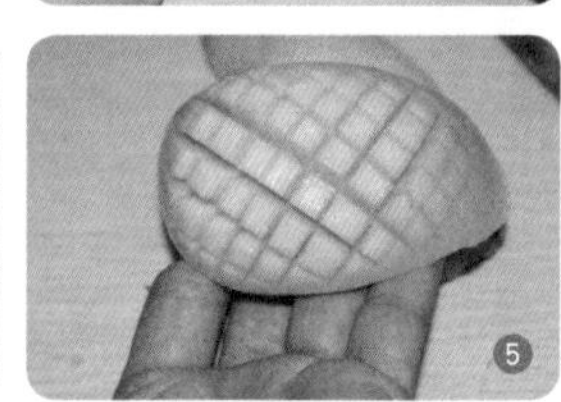

STYLE 2

❶ 将杨桃洗净后修正好棱角的边沿。

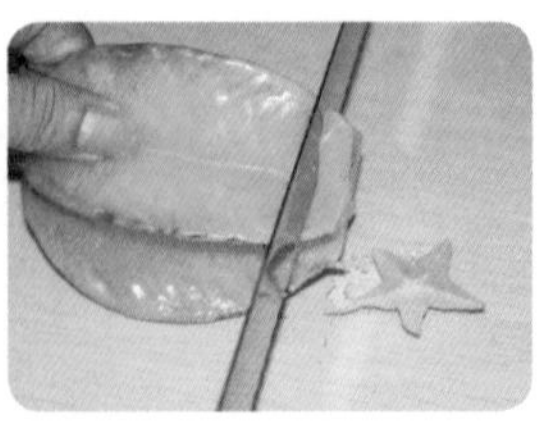

❷ 用水果雕刀从杨桃侧面直接切下。

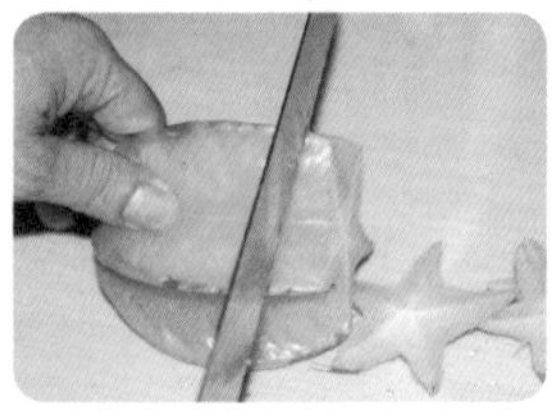

❸ 注意切杨桃时的垂直度和平行度。

❹ 五角星形状的杨桃可以很随意地在蛋糕上装饰搭配。

STYLE 3

❶ 将草莓洗净。

❷ 用水果雕刀将草莓切成四分开的形状。

❸ 用水果雕刀将草莓切成对开的形状。

❶ 将圣女果洗净。用水果雕刀将圣女果倾斜切开。

❷ 用水果雕刀将圣女果切成对开的形状。

❸ 图为切完后的状态。

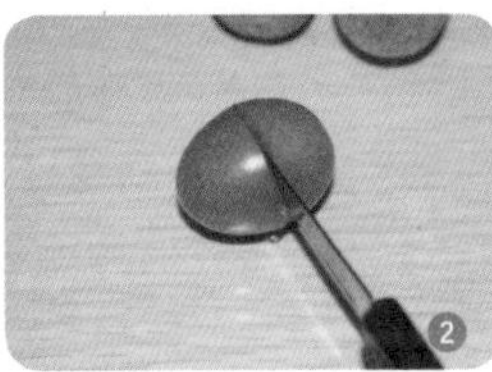

STYLE 5

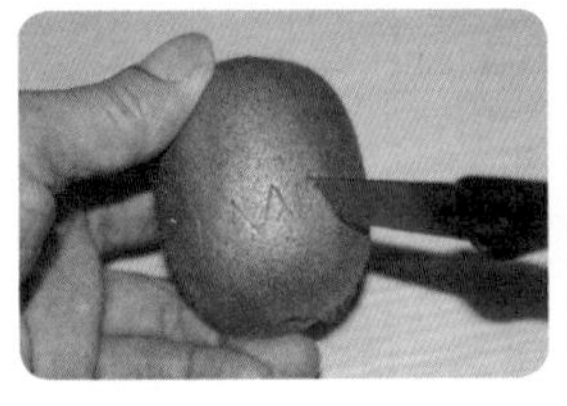

❶ 用水果雕刀斜插入猕猴桃中部偏下，切成一圈“V”字状。

❷ 切完后用手指将两边分开。

❸ 用水果雕刀将“V”字形猕猴桃切成“十”字状。

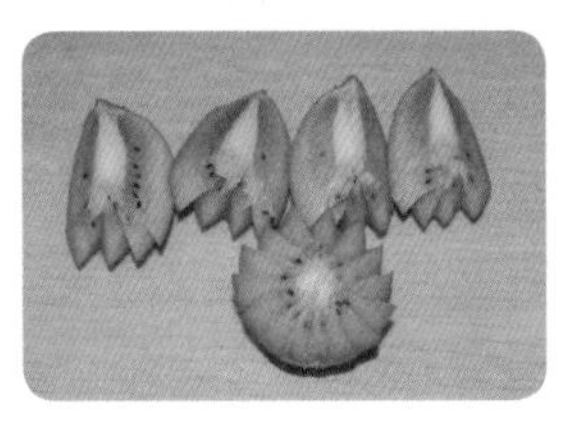

❹ 因为类似凤爪，故又称“爪状”。

STYLE 6

❶ 用水果雕刀将猕猴桃1/3处垂直切开。

❷ 用水果雕刀将猕猴桃平行切出层次。

❸ 用水果雕刀将猕猴桃平行切出交叉的层次。

❹ 手指按住皮中间反扣，切口即成展开状，类似龟壳。

❺ 用水果雕刀将猕猴桃横置切成两半，再平行切成片状。

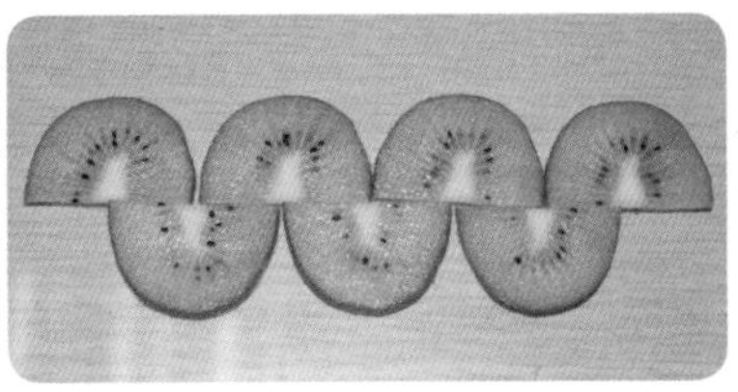

❻ 如图所示，摆放成波浪形状。

STYLE 7

❶ 将火龙果洗净后对半切开。

❷ 用挖球器在火龙果内旋转。

❸ 用挖球器将火龙果肉依次挖成球状。

❹ 根据所需要的圆球大小来选择挖球器。

❺ 用圆球状的火龙果在蛋糕上装饰。

❻ 将火龙果切成三角形状。

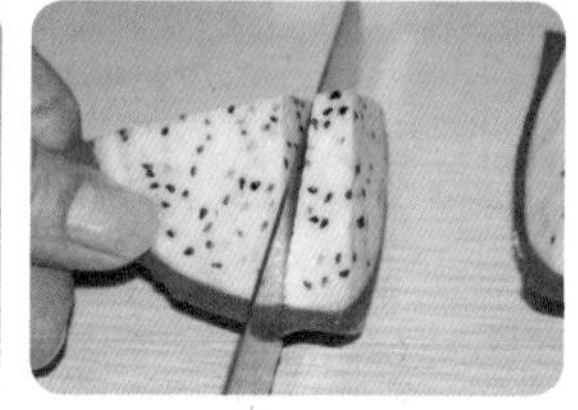

❼ 用水果雕刀在三角面处垂直切开。

❽ 注意切口的平行度和垂直度。

STYLE 8

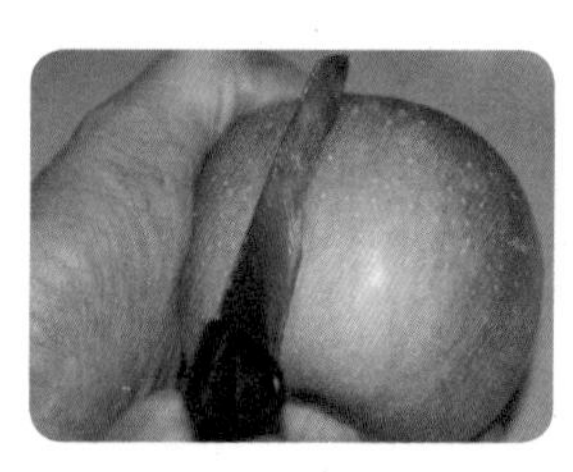

❶ 将苹果洗净准备造型。

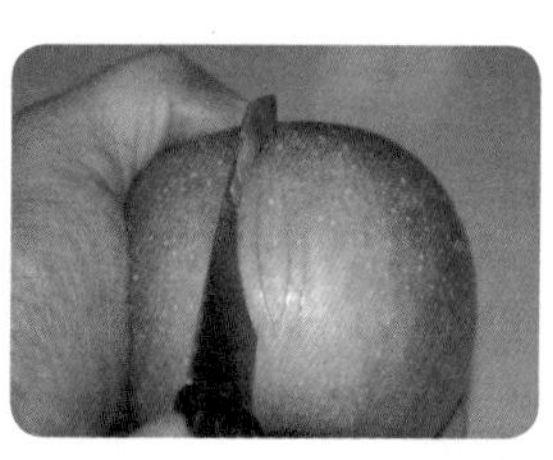

❷ 用水果雕刀从苹果内侧削成“V”字状。

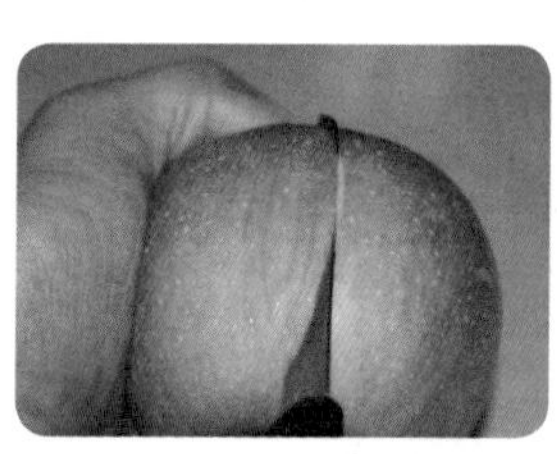

❸ 用水果雕刀从苹果内侧依次放大“V”字开口。

❹ 切到一定程度，加大力度往下切，将果肉取出来。

❺ 用手指向上推开至果肉呈梯状。

❻ 还可用水果雕刀将苹果平行切成薄片。

❼ 用手指将苹果展开呈扇状。

蛋糕抹胚的基本手法

蛋糕抹胚的基本手法不外乎涂、抹、捏、挤等，涂和抹是最基本的手法。先将鲜奶油等材料涂满在烤焙好的蛋糕胚外部，再以抹的方法使表面光滑均匀，这是基本抹胚部分，基本抹好后再以挤、捏的方法制作出各种造型来搭配，以下为制作各种抹胚不同手法的图例。

1. 直面抹胚的手法

❶ 首先在蛋糕胚上涂满奶油。

❷ 用专用吻刀将蛋糕抹圆。

❸ 再用吻刀将表面的奶油压平。

❹ 将表面的奶油抹平整。

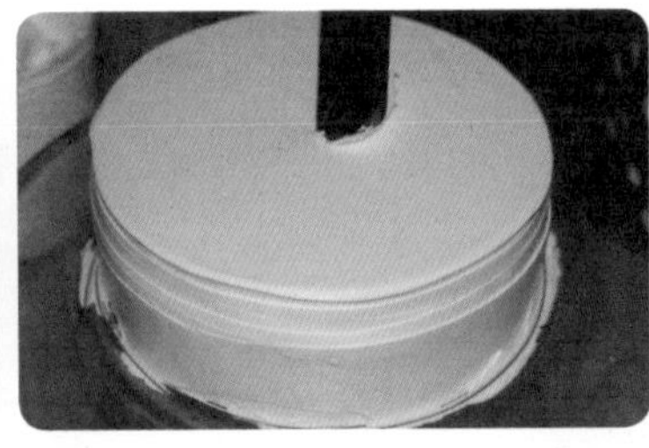

❺ 将表面和侧面的奶油都仔细抹平。

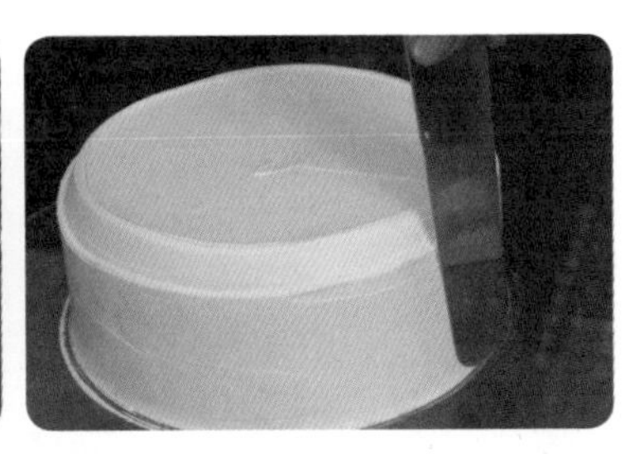

❻ 先将表面的奶油抹均匀。

❼ 再将侧面的奶油抹均匀。

❽ 将侧面多余的奶油抹到表面上，再抹均匀。

❾ 如图所示即是抹好的直面蛋糕胚。

2. 圆面抹胚的手法

❶ 首先在蛋糕胚上涂满奶油。

❷ 用专用吻刀将蛋糕抹圆。

❸ 再用吻刀将奶油压平。

❹ 将表面的奶油抹平整。

❺ 用吻刀将奶油抹出圆形的弧度。

❻ 继续用吻刀修饰出圆面造型。

❼ 用欧式刮片将蛋糕的侧面刮圆。

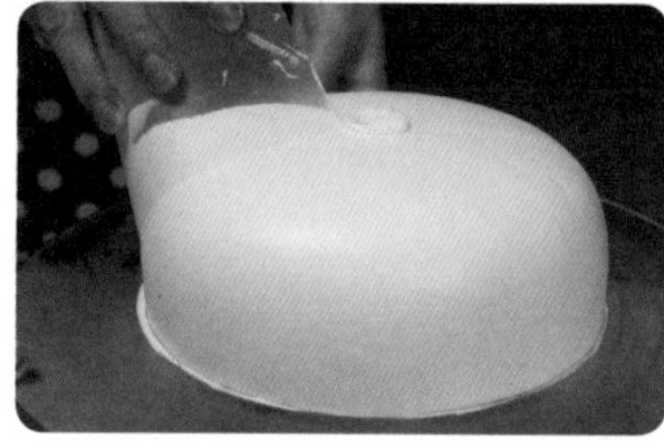

❽ 继续用刮片将侧面和表面的奶油刮均匀。

❾ 如图所示即是刮好的圆面蛋糕胚。

3.锯齿面抹胚的手法

❶ 首先在蛋糕胚上涂满奶油。

❷ 用专用吻刀将蛋糕抹圆。

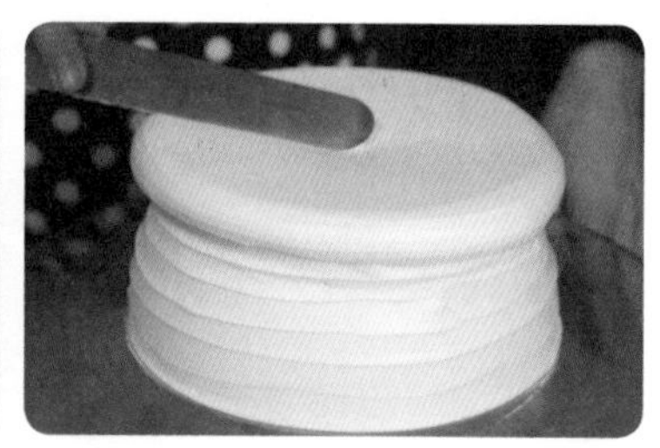

❸ 再用吻刀将表面的奶油压平。

❹ 将侧面的奶油抹平。

❺ 将侧面多余的奶油抹到表面上，再抹均匀。

❻ 将侧面的奶油抹均匀。

❼ 用欧式刮片有锯齿的一端将蛋糕的侧面刮出锯齿状。

❽ 将侧面刮出的奶油抹到表面上。

❾ 用欧式刮片平整端将表面的奶油抹平。

❿ 如图所示即是刮好的锯齿面蛋糕胚。

4.水纹面抹胚的手法

❶ 首先在蛋糕胚上涂满奶油。

❷ 用专用吻刀将蛋糕表面抹平。

❸ 将表面的奶油抹均匀。

❹ 将表面多余的奶油抹到侧面，并抹圆。

❺ 用吻刀将侧面的奶油抹均匀。

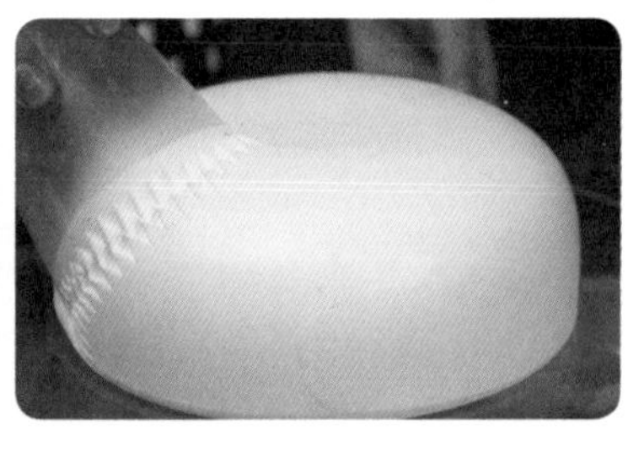

❻ 用欧式刮片将蛋糕抹圆。

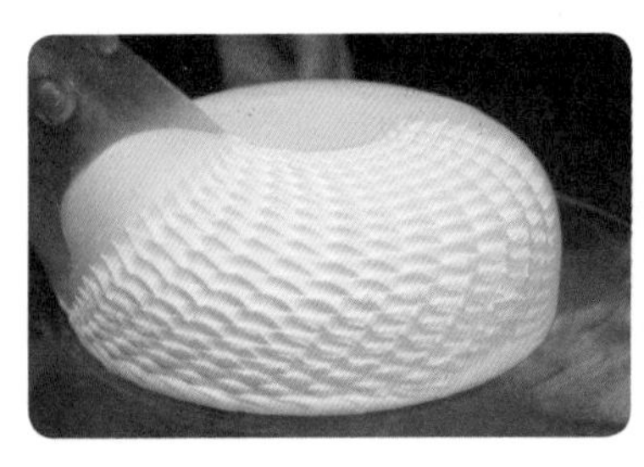

❼ 用欧式刮片有锯齿的一端抖动着在蛋糕的侧面刮出波浪状。

❽ 注意刮时的手法和力度。

❾ 将蛋糕顶部的奶油抹平整，水纹面蛋糕胚制作完成。

5.沾边抹胚的手法

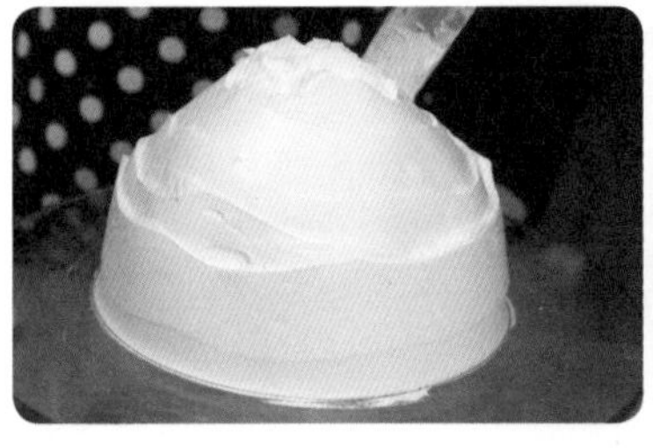

❶ 首先在蛋糕胚上涂满奶油。

❷ 用专用吻刀将蛋糕抹圆。

❸ 再用吻刀将表面的奶油压平。

❹ 继续将表面的奶油抹平整。

❺ 将表面多余的奶油抹到侧面。

❻ 用吻刀将蛋糕再次抹圆。

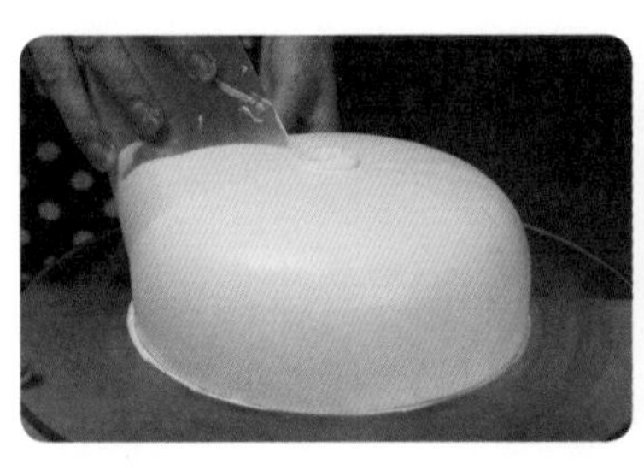

❼ 用欧式刮片将蛋糕的侧面和表面刮圆。

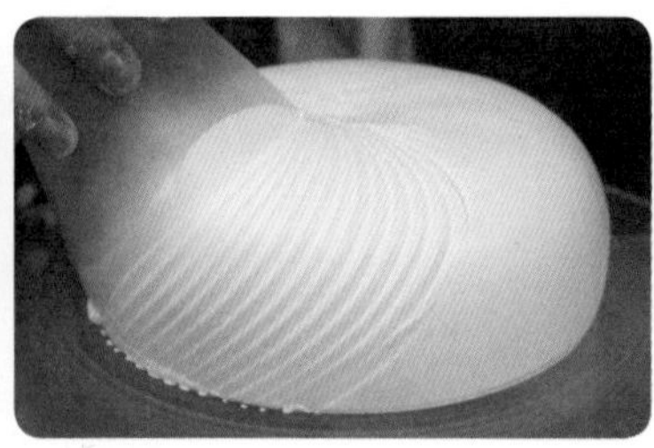

❽ 用欧式刮片倾斜着在蛋糕的侧面刮出纹路。

❾ 注意刮时的角度和力度。

❿ 如图所示即是刮好的沾边蛋糕胚。

蛋糕花边制作

蛋糕花边制作的基本工具——裱花嘴

①圆花嘴：圆花嘴是最常用的花嘴，小孔的圆花嘴一般用来挤细线条。开始练习时一般先挤直线，再练习挤平行线，最后练习挤弧线，练习好三种基础线条后开始进行组合变化练习。

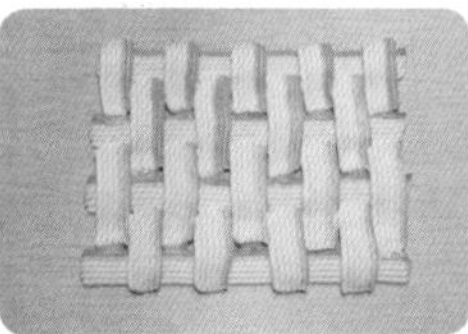
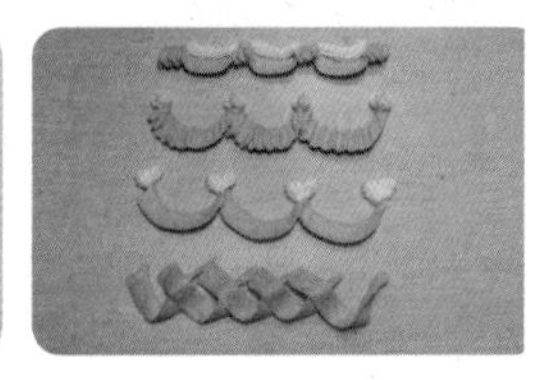

②直花嘴和弯花嘴是制作花卉的常用花嘴。它们除了可以制作众多花卉之外，还可以挤出各种各样的花边。直花嘴比较适合挤出向下的花纹，而弯花嘴比较适合挤出向上的花纹，由于它们有多种变化形式，而且挤出来的花边比较流畅，所以也是蛋糕裱花师们最喜欢用的花嘴之一。

③扁花嘴也是用途比较多的一种花嘴，比较好搭配，可以制作出多种编织类的花纹，可以起到增添蛋糕裱花细节变化的作用。

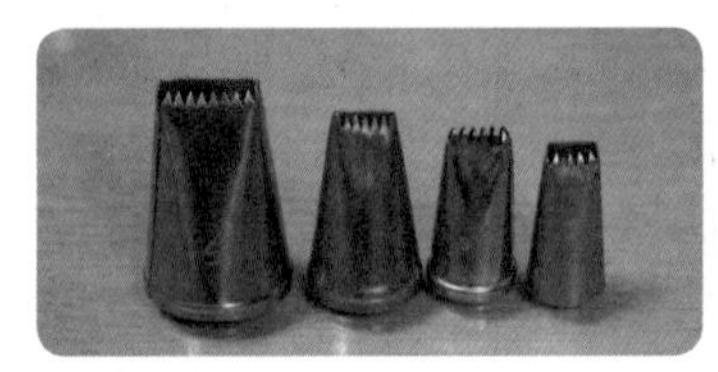
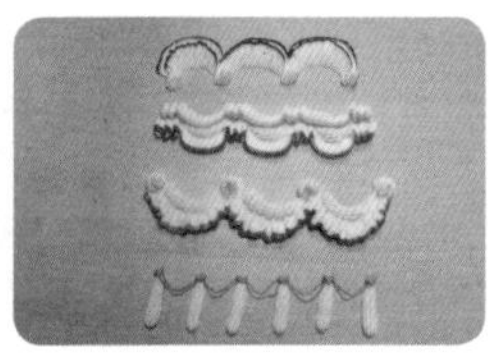

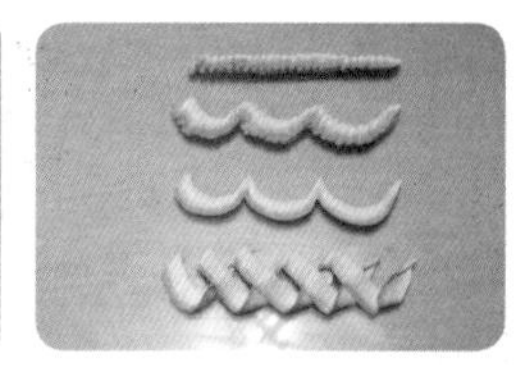

④叶形花嘴又称百合花嘴，最常用在挤百合花上。它在制作花边时也是很有魅力的一款花嘴，以叶形为主经过变化可以形成各种各样的花边。

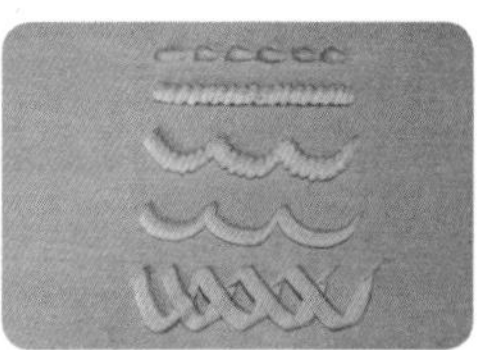
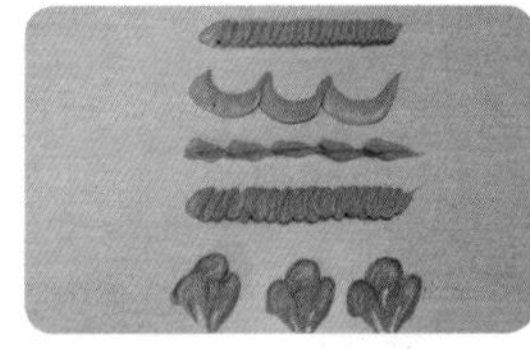
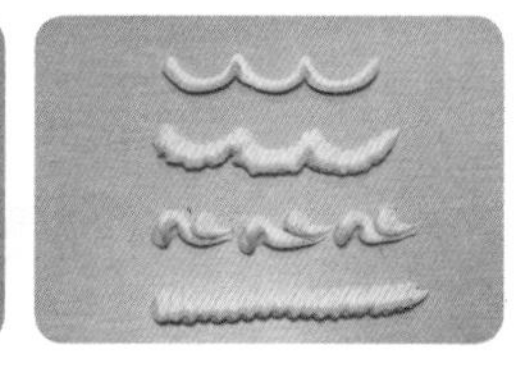

⑤圆齿花嘴挤出的花纹最为明显，大部分裱花师练习花边都最先用圆齿花嘴。圆齿花嘴很适合在蛋糕表面和底部使用，通过不同的手法和力度，也可以挤出各种各样的花边。

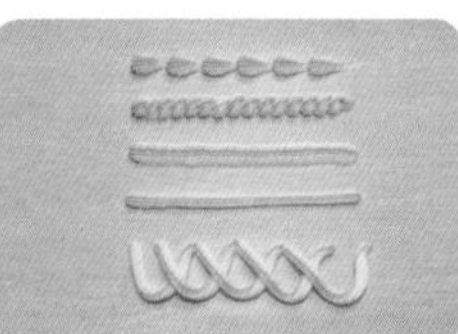
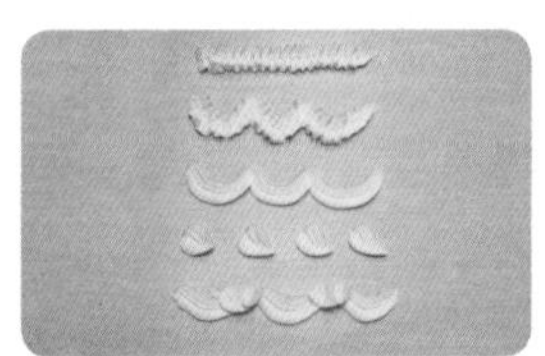
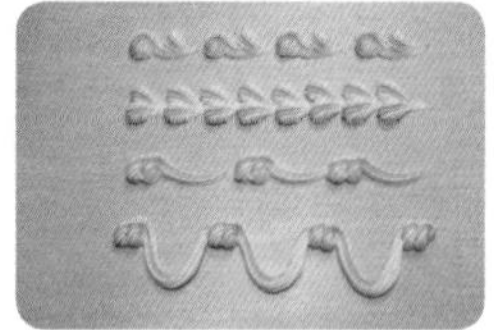

STYLE 1

❶ 用欧式刮片制作直面蛋糕胚。
❷ 刮出垂直和光滑的效果。
❸ 用中号圆齿花嘴在蛋糕底部以绕的手法挤出一大一小的组合花边。
❹ 用中号圆齿花嘴在侧面挤出S形组合花边。
❺ 用中号圆齿花嘴在蛋糕表面以绕的手法挤出一圈花边。
❻ 整体的花边制作完成，配上花朵即可作为一个成品蛋糕。

STYLE 2

❶ 制作一个直面蛋糕胚，用中号直花嘴以抖的手法挤出底边。
❷ 用扁花嘴紧贴着侧面以吊的手法挤出花边。
❸ 用中号圆齿花嘴在侧面花边的上方以抖的手法挤出组合花边。
❹ 用中号圆齿花嘴在侧面组合花边上挤出心型点缀。
❺ 用扁花嘴在蛋糕表面边沿以绕的手法挤出一圈花边。
❻ 整体的花边组合完成，配上花朵即可作为一个成品蛋糕。

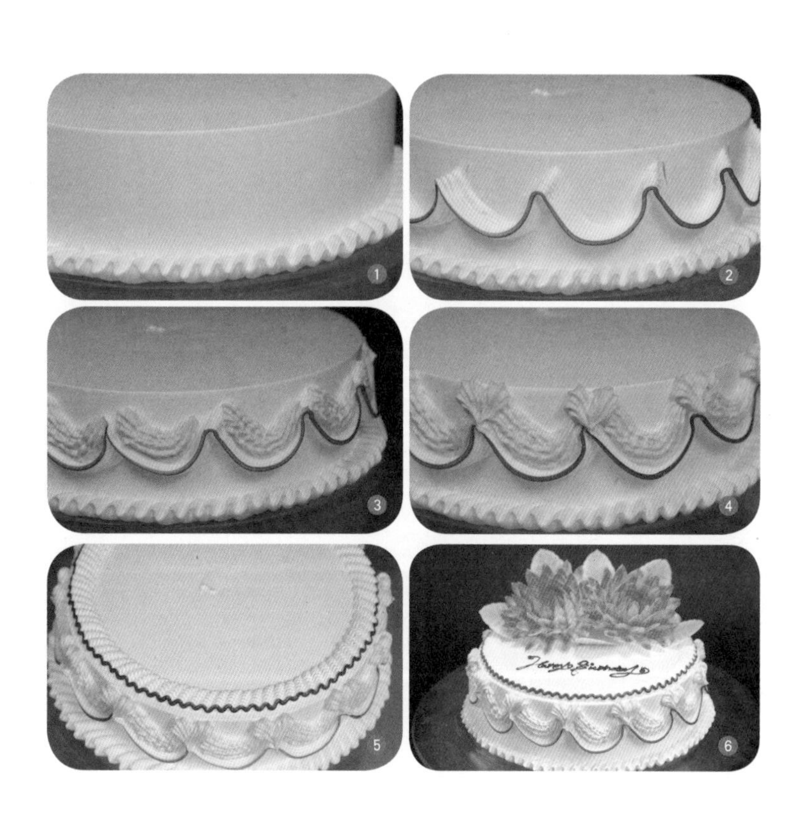

STYLE 3

❶ 制作一个直面蛋糕胚，用中号圆齿花嘴以提的手法挤出底边。

❷ 用扁花嘴紧贴着侧面以抖的手法挤出花边。

❸ 用中号圆齿花嘴在侧面花边的上方以抖的手法挤出组合花边。

❹ 用中号叶形花嘴在侧面组合花边上挤出叶形状点缀。

❺ 用中号圆齿花嘴在蛋糕表面以绕的手法挤出一圈花边。

❻ 用细圆花嘴在蛋糕表面挤出不规则的花纹，配上花朵即可作为一个成品蛋糕。

STYLE 4

❶ 制作一个直面蛋糕胚，用扁花嘴以绕的手法挤出底边。

❷ 用中号叶形花嘴紧贴着侧面以拉的手法挤出花边。

❸ 用中号圆齿花嘴在侧面花边的上方以绕的手法挤出组合花边。

❹ 用中号叶形花嘴在侧面组合花边上挤出叶形状点缀。

❺ 用中号扁花嘴在蛋糕表面以绕的手法挤出一圈花边。

❻ 花边组合完成，配上花朵和文字等即可作为一个成品蛋糕。

STYLE 5

❶ 制作一个直面蛋糕胚，用中号圆齿花嘴以拉和绕的手法组合挤出底边。

❷ 用中号圆形花嘴在底边上方以吊的手法挤出花边。

❸ 用中号圆形花嘴在花边上挤出心形点缀。

❹ 用中号直花嘴在蛋糕表面以绕的手法挤出一圈花边。

❺ 用中号圆齿花嘴在表面花边内以提的手法挤出组合花边。

❻ 花边组合完成，配上花朵即可作为一个成品蛋糕。

STYLE 6

❶ 制作一个直面蛋糕胚，用中号圆齿花嘴以拉的手法在蛋糕边沿挤出组合花边。

❷ 用中号叶形花嘴以拉的手法挤出底边。

❸ 在蛋糕边沿组合花边的空隙处挤出细丝作为点缀。

❹ 用中号圆形花嘴在蛋糕侧面挤出圆点状点缀。

❺ 用中号圆形花嘴在蛋糕顶部以绕的手法挤出花形点缀。

❻ 花边组合完成，配上花朵即可作为一个成品蛋糕。

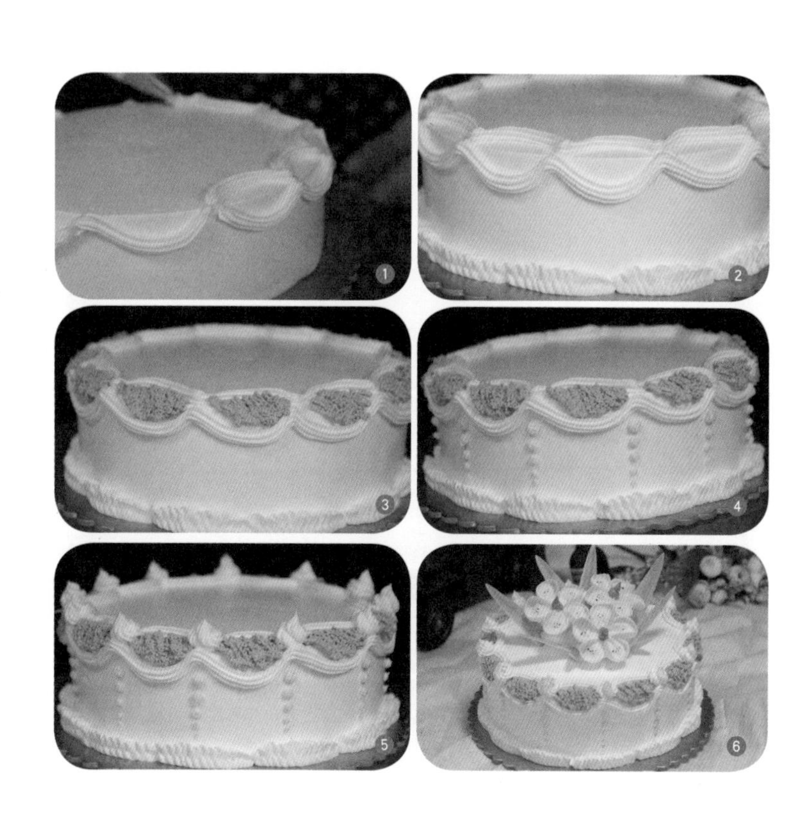

STYLE 7

1. 制作一个直面蛋糕胚，用中号叶形花嘴以提的手法挤出底边。
2. 用中号扁花嘴以吊的手法在侧面挤出组合花边。
3. 用中号扁花嘴在蛋糕表面以提的手法挤出一圈花边。
4. 用中号圆齿花嘴以拉的手法在蛋糕表面中心处挤出花边。
5. 用小号圆形花嘴在蛋糕表面挤出不规则的花纹。
6. 花边组合完成，配上花朵即可作为一个成品蛋糕。

STYLE 8

1. 制作一个圆面蛋糕胚，用中号直形花嘴以抖的手法挤出斜边。
2. 用中号圆齿花嘴以抖的手法在蛋糕底边上抖出花边。
3. 用中号直花嘴以抖和拉的手法挤出底边组合花边。
4. 在蛋糕侧面花边空隙处挤出细丝作为点缀。
5. 用中号圆齿花嘴在蛋糕底部以抖的手法挤出花边。
6. 花边组合完成，配上花朵即可作为一个成品蛋糕。

STYLE 1

❶ 用欧式刮片在蛋糕表面刮出层次。

❷ 在蛋糕表面刮出第二层层次。

❸ 在下面两层中间刮出深度。

❹ 将底部多余的鲜奶油刮掉。

❺ 用欧式刮片在蛋糕表面刮出湖状。

❻ 将表面修饰得平整光滑。

❼ 将蛋糕底部修饰光滑。

❽ 完全修整好的造型。

❾ 用专用吹瓶将第二层吹出波浪造型。

❿ 吹出波浪造型时注意波浪的起伏要均匀。

⓫ 在表面湖状处挤上哈密瓜果膏。

⓬ 在蛋糕底部侧面挤上巧克力果膏，再放上巧克力配件。

STYLE 2

❶ 用欧式刮片在蛋糕表面刮出层次。

❷ 在蛋糕表面刮出第二层层次。

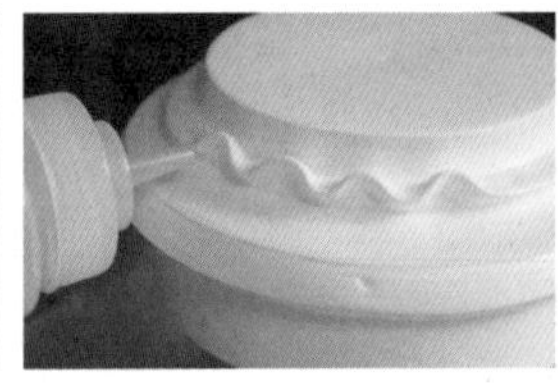

❸ 用专用吹瓶将第二层吹出波浪造型。

❹ 用相同的方法将其他两层吹出波浪造型。

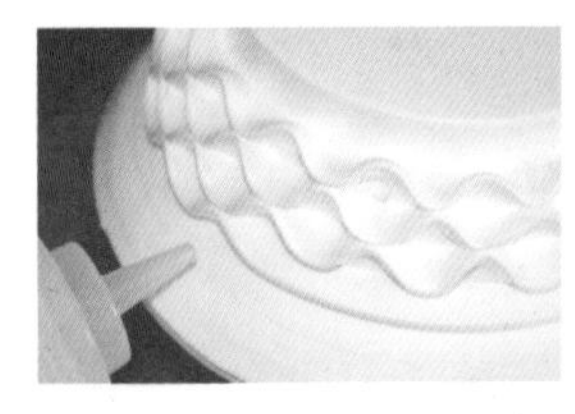

❺ 在蛋糕侧面刮出第四层层次，再用吹瓶吹出第四层波浪造型。

❻ 在蛋糕顶部刮出层次，吹出波浪造型。

❼ 在蛋糕顶部挤上巧克力果膏。

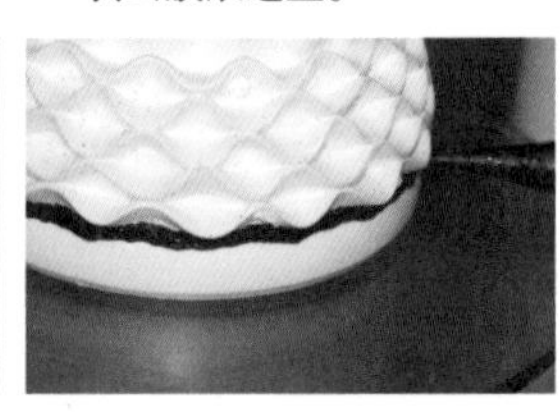

❽ 在蛋糕底部挤上巧克力果膏。

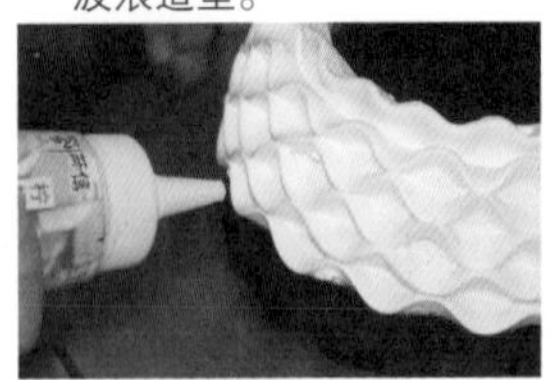

❾ 用彩喷粉在波浪上喷上颜色。

❿ 在表面巧克力果膏上插上巧克力装饰配件。

⓫ 注意巧克力配件的摆放位置。

⓬ 最后摆上水果装饰蛋糕。

STYLE 3

❶ 用欧式刮片在蛋糕表面刮出层次。

❷ 在侧面层次的根部刮出凹槽。

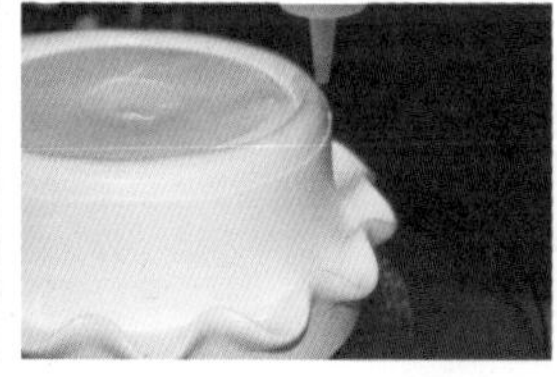

❸ 用专用吹瓶将最下面一层吹出波浪造型。

❹ 用欧式刮片在蛋糕侧面刮出第二层层次。

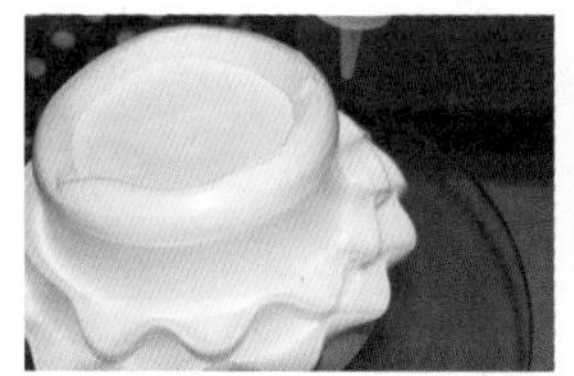

❺ 用专用吹瓶在蛋糕上吹出第二层的波浪造型。

❻ 在蛋糕侧面刮出第三层层次。

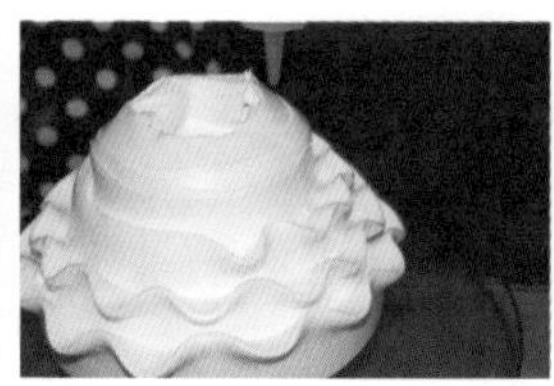

❼ 在蛋糕上吹出第三层的波浪造型。

❽ 在蛋糕侧面刮出第四层层次。

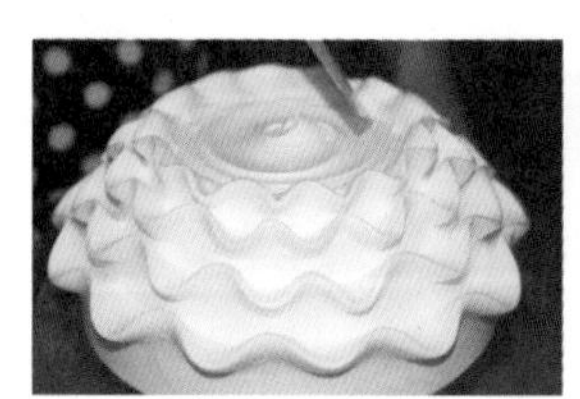

❾ 在蛋糕上吹出第四层的波浪造型。

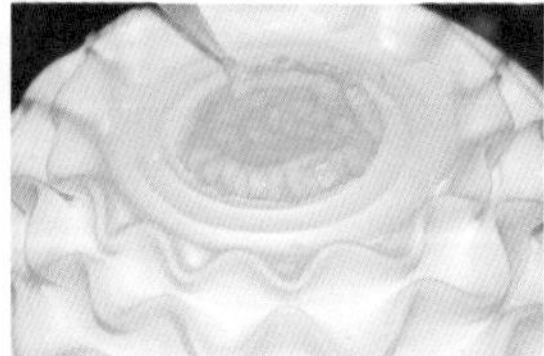

❿ 在蛋糕表面挤上柠檬果膏。

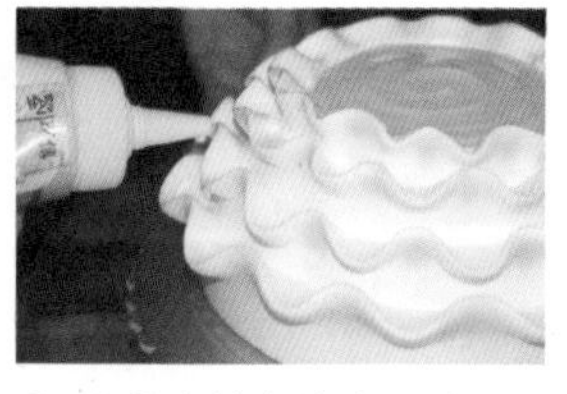

⓫ 用彩喷粉在波浪上喷上颜色。

⓬ 用巧克力配件和水果装饰蛋糕。

蛋糕造型的制作
——欧式刮片应用范例

STYLE 1

❶ 用欧式刮片在蛋糕上刮出断面。

❷ 将断面延伸至底部2/3处。

❸ 将蛋糕底部的鲜奶油修饰至圆角。

❹ 将蛋糕底部多余的鲜奶油刮掉。

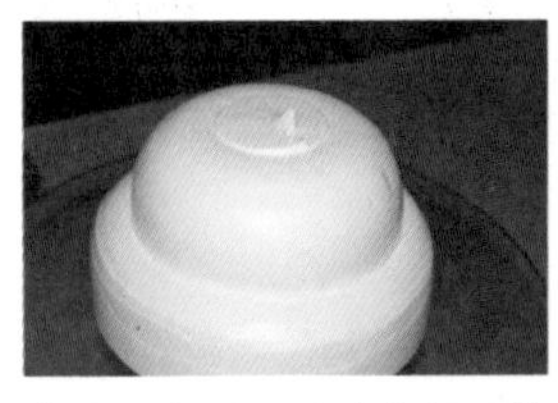

❺ 将顶部的奶油修饰得平整光滑。

❻ 用欧式刮片抖出纹路。

❼ 抖出纹路时手法力度要均匀。

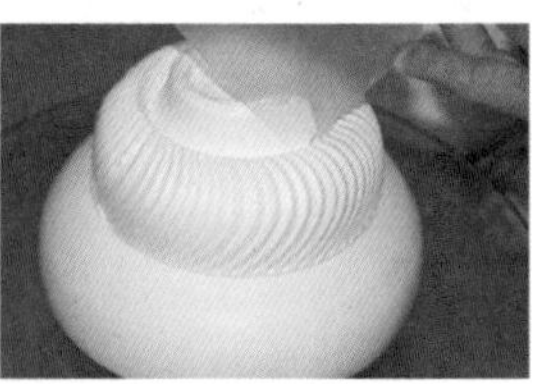

❽ 将蛋糕顶部多余的鲜奶油刮掉。

❾ 将蛋糕表面做成湖状。

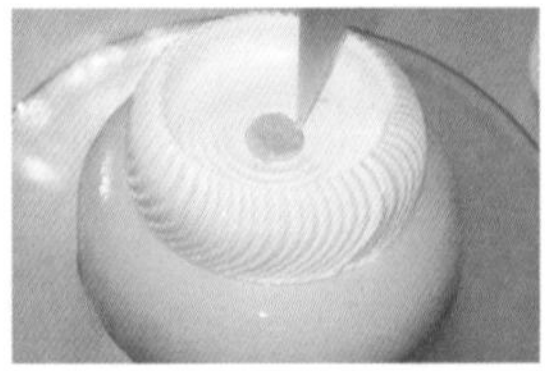

❿ 在蛋糕底部挤上哈密瓜果膏。

⓫ 在蛋糕顶部挤上哈密瓜果膏。

⓬ 用巧克力配件和水果装饰蛋糕。

STYLE 2

❶ 用欧式刮片刮出直面蛋糕胚。

❷ 在蛋糕顶部挤上香橙果膏。

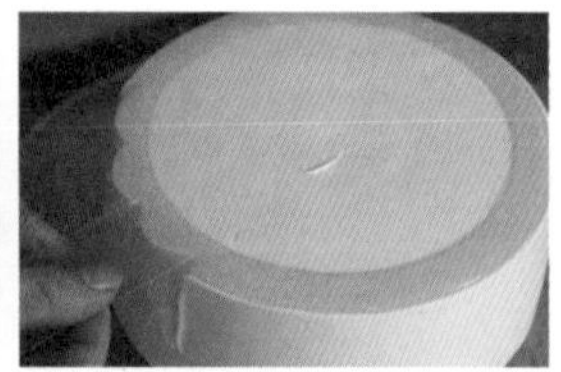

❸ 用欧式刮片在边沿刮出波浪状纹路。

❹ 将蛋糕底部多余的鲜奶油刮掉。

❺ 用欧式刮片在蛋糕顶部刮出湖状。

❻ 再将顶部凹陷处修饰得平整光滑。

❼ 用欧式刮片将蛋糕底部刮光滑。

❽ 在蛋糕顶部凹陷处挤上草莓果膏。

❾ 将草莓果膏刮平。

❿ 用欧式刮片将蛋糕底部抖出纹路。

⓫ 将蛋糕底部多余的鲜奶油刮掉。

⓬ 在蛋糕底部挤上哈密瓜果膏，再放上巧克力配件和水果。

STYLE 3

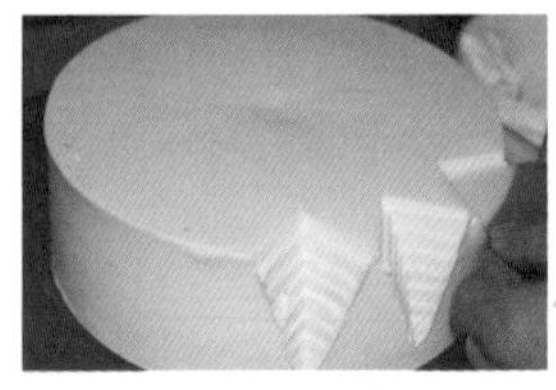

❶ 用欧式刮片在蛋糕侧面压出纹路。

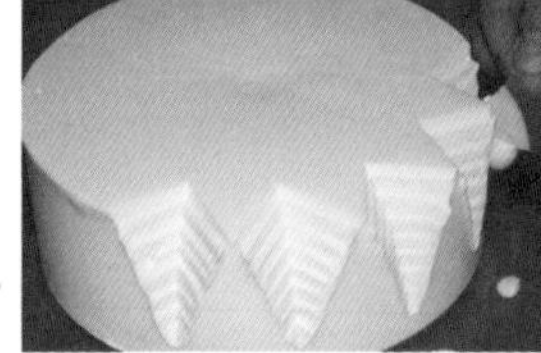

❷ 压出纹路时手法力度要均匀。

❸ 压出如图所示的效果。

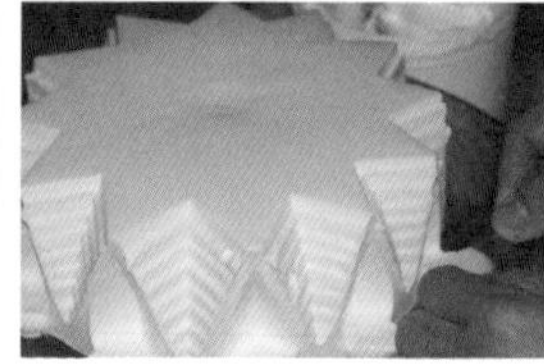

❹ 在蛋糕侧面完整三角区压出凹槽。

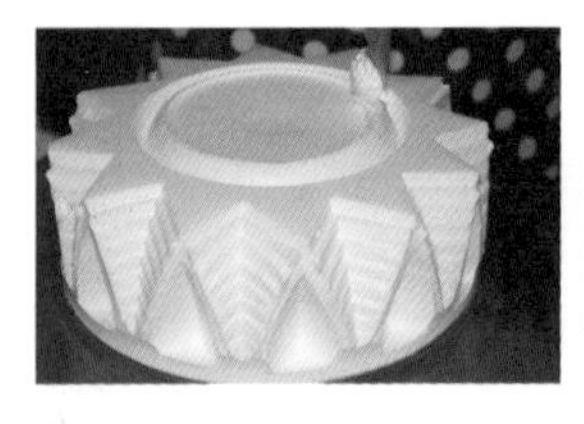

❺ 在蛋糕顶部一层层地刮出凹陷处。

❻ 将顶部凹陷处修饰得平整光滑。

❼ 用多功能小铲在顶部压出纹路。

❽ 压出纹路时手法力度要均匀。

❾ 用彩喷粉将蛋糕底部凹槽处喷上颜色。

❿ 上面的凹槽处也喷上颜色。

⓫ 在蛋糕顶部挤上巧克力果膏。

⓬ 用巧克力配件和水果装饰蛋糕。

蛋糕造型的制作
——多功能铲应用范例

STYLE 1

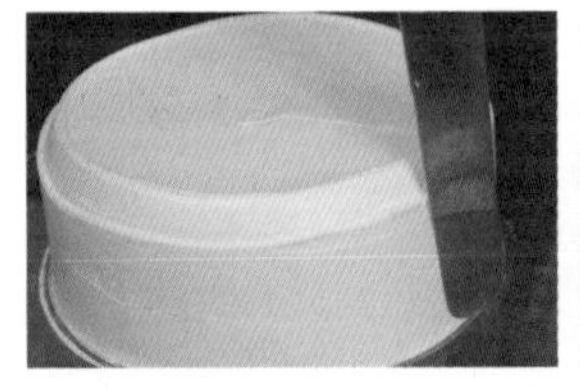

❶ 用吻刀开始抹胚。

❷ 将顶部鲜奶油刮平。

❸ 完全刮平后的直面蛋糕胚。

❹ 在蛋糕顶部刮出断面造型。

❺ 在断面造型根部刮出凹槽。

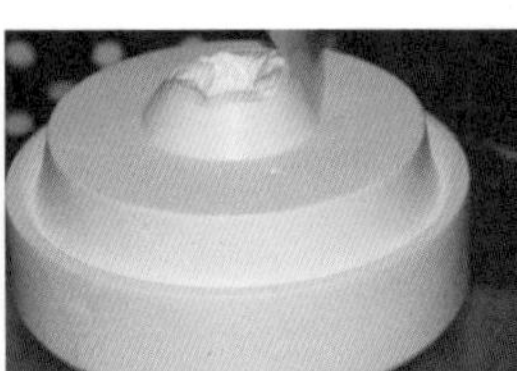

❻ 将顶部鲜奶油刮平。

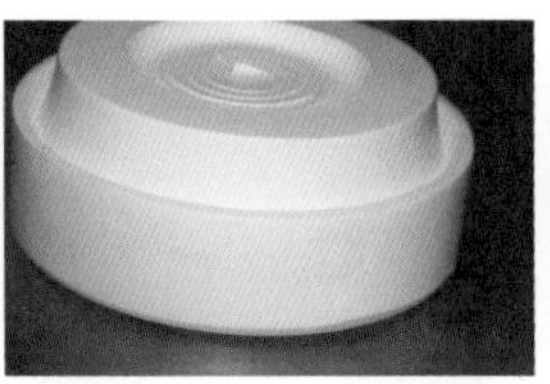

❼ 在蛋糕顶部中心处刮出湖状，并在边沿压出多角形状。

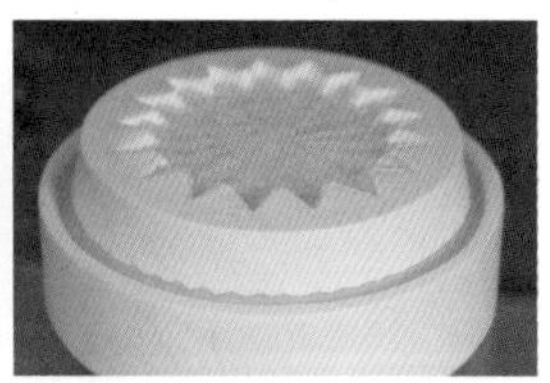

❽ 在蛋糕顶部和侧面凹槽处挤上哈密瓜果膏。

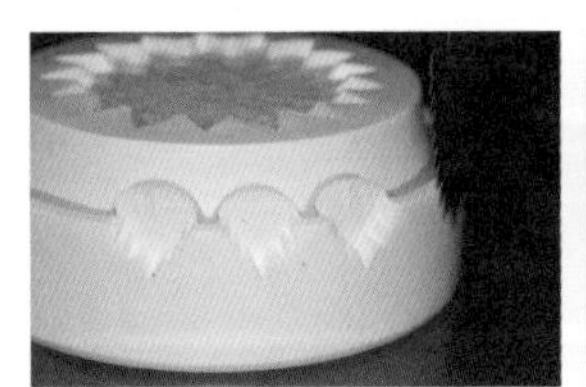

❾ 用多功能小铲在蛋糕侧面凹槽下方位置压出纹路。

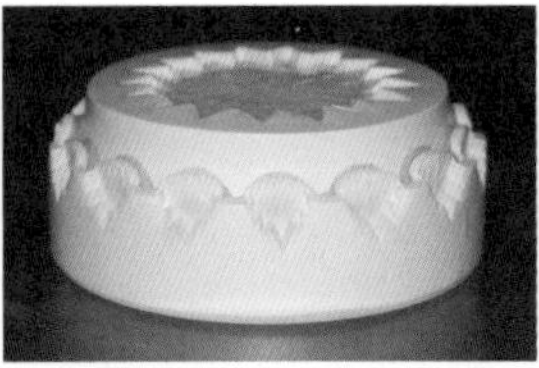

❿ 用彩喷粉将纹路喷成黄色。

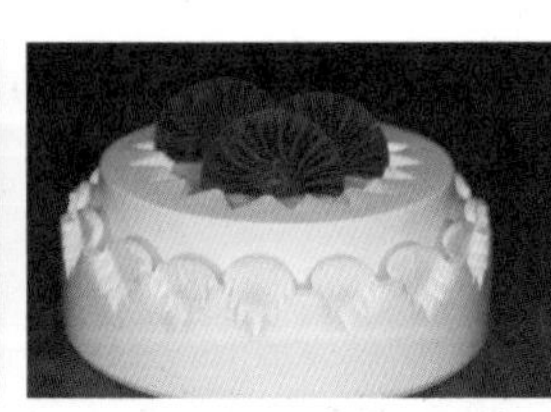

⓫ 用巧克力配件装饰。

⓬ 最后用巧克力花及水果装饰蛋糕。

STYLE 2

❶ 用吻刀开始抹胚。

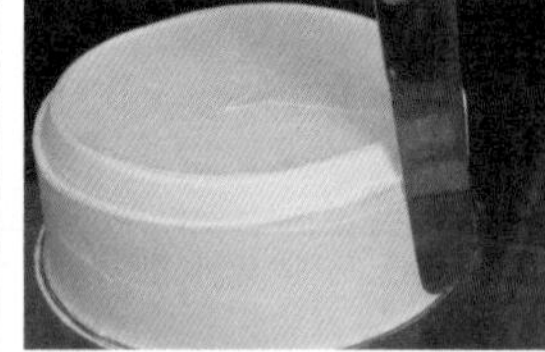

❷ 将侧面的奶油抹平整。

❸ 将顶部的奶油刮平。

❹ 完全刮平后的直面蛋糕胚。

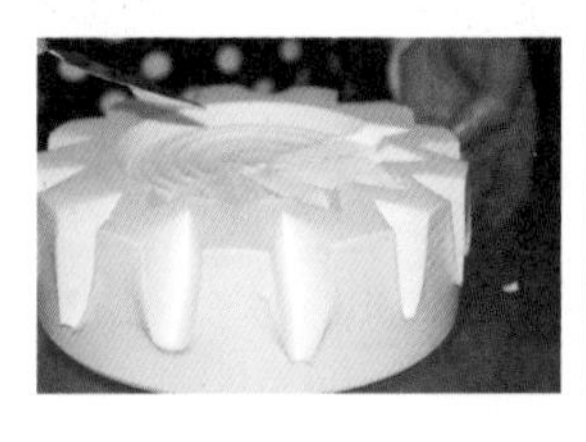

❺ 用多功能小铲分别在蛋糕侧面和顶部压出不同的纹路。

❻ 在蛋糕底部挤上巧克力果膏。

❼ 挤果膏时注意要挤得均匀。

❽ 注意不要力度过重而将奶油挤出外层。

❾ 在蛋糕顶部的凹陷处挤上柠檬果膏。

❿ 将顶部果膏修饰得平整光滑。

⓫ 用巧克力配件和水果装饰蛋糕。

STYLE 3

❶ 用欧式刮片先在蛋糕边沿刮出断面。

❷ 刮出第二层断面造型。

❸ 将蛋糕底部多余的鲜奶油刮掉。

❹ 在蛋糕顶部中心处刮出凹陷处。

❺ 用多功能小铲在顶部断层边沿处压出纹路。

❻ 用多功能小铲在第二层边沿处压出纹路。

❼ 用多功能小铲在如图所示的位置压出纹路。

❽ 在蛋糕底部挤上巧克力果膏。

❾ 在蛋糕顶部挤上柠檬果膏。

❿ 在蛋糕侧面用彩喷粉喷上颜色。

⓫ 整体搭配要协调，有层次感。

⓬ 用巧克力配件和水果装饰蛋糕。

STYLE 4

❶ 用欧式刮片刮出圆面蛋糕胚。

❷ 用吻刀从上至下将鲜奶油压平。

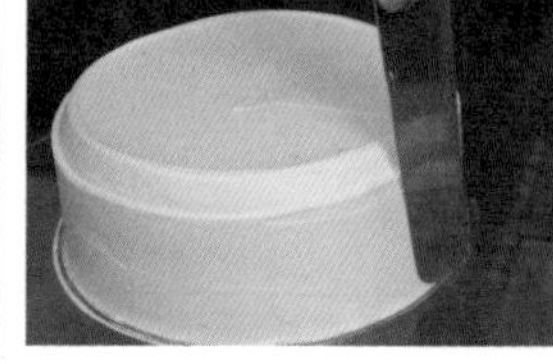

❸ 用吻刀将蛋糕侧面的鲜奶油抹平整。

❹ 用吻刀将蛋糕表面的奶油刮平。

❺ 完全刮平后的直面蛋糕胚。

❻ 用欧式刮片在蛋糕顶部边沿刮出断面。

❼ 将顶部奶油刮平。

❽ 在蛋糕顶部中心刮出凹陷处。

❾ 用多功能小铲在顶部压出纹路。

❿ 在蛋糕侧面断面处挤上巧克力果膏。

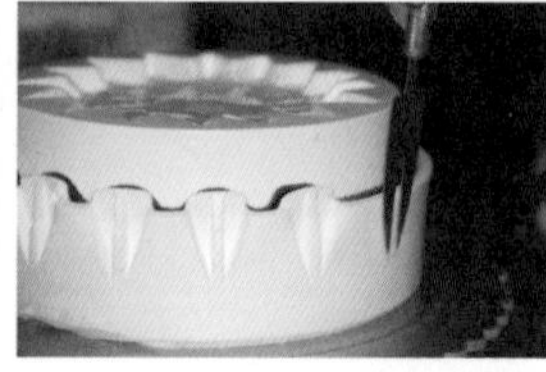

⓫ 用多功能小铲在蛋糕侧面压出纹路。

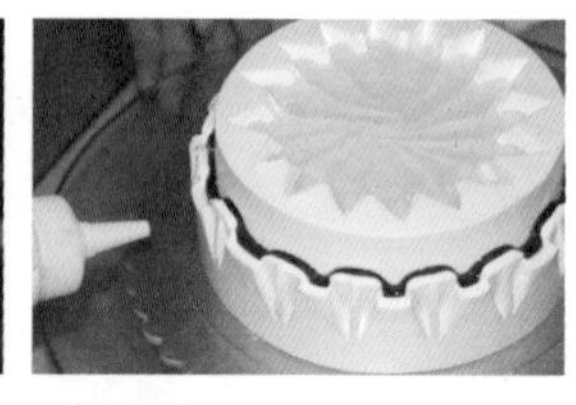

⓬ 在侧面用彩喷粉喷上颜色，再放上巧克力配件和水果。

STYLE 5

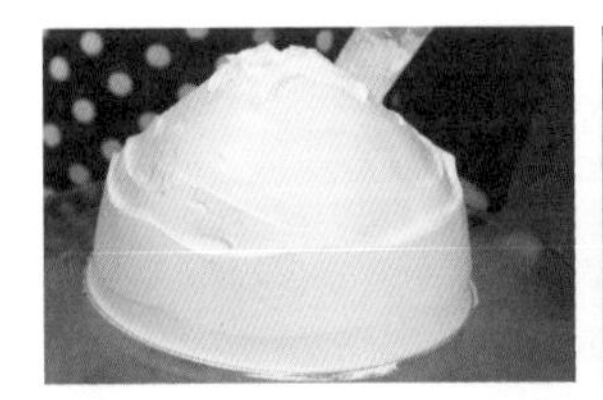

❶ 在蛋糕胚上堆上打发的鲜奶油。

❷ 用吻刀将蛋糕抹圆。

❸ 将蛋糕抹匀，消除奶油中的气泡。

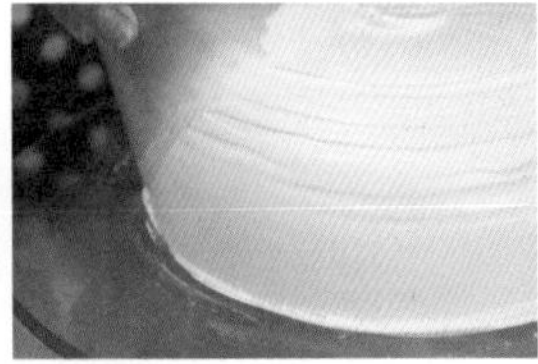

❹ 用欧式刮片将蛋糕刮圆。

❺ 刮成如图所示的效果，注意奶油的光滑度。

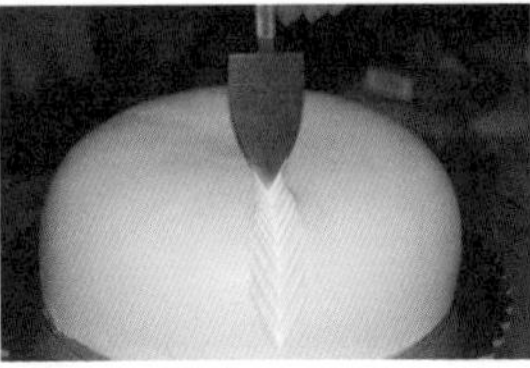

❻ 用多功能铲从底部开始往上压出纹路。

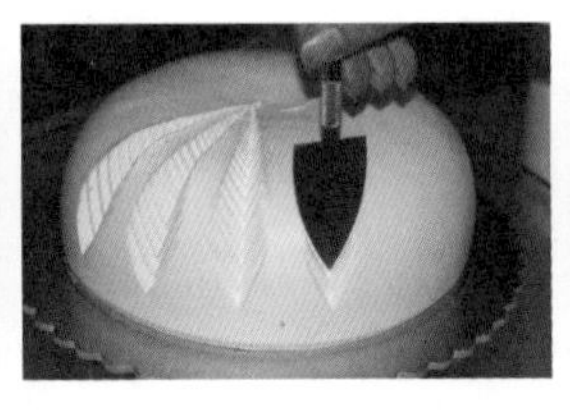

❼ 压纹路时注意纹路的均匀度。

❽ 每一道纹路的尾端集中于蛋糕表面的中心点位置。

❾ 注意每一道纹路的排列要规整。

❿ 用彩喷粉给纹路喷上颜色。

⓫ 注意颜色的深浅。

⓬ 最后用巧克力配件和水果装饰蛋糕。

STYLE 6

❶ 在蛋糕胚上堆上鲜奶油。

❷ 用吻刀将蛋糕抹圆。

❸ 用欧式刮片将奶油刮均匀。

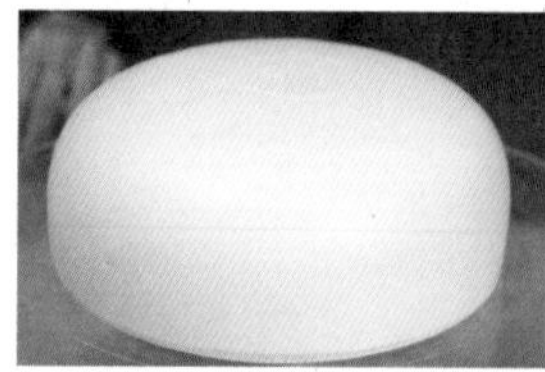

❹ 如图所示即是刮好后的效果，注意奶油的光滑度。

❺ 用多功能小铲从底部斜着往上压出纹路。

❻ 每一道纹路的尾端集中于蛋糕表面的中心点。

❼ 在蛋糕顶部用欧式刮片刮出圆形凹陷处。

❽ 将凹陷处的奶油修整光滑。

❾ 用彩喷粉给侧面的纹路喷上颜色。

❿ 在蛋糕表面凹陷处挤上哈密瓜果膏。

⓫ 用欧式刮片将果膏刮平。

⓬ 最后用巧克力配件和水果装饰蛋糕。

STYLE 7

❶ 在蛋糕胚上堆上打发的鲜奶油。

❷ 用专用吻刀将蛋糕抹圆。

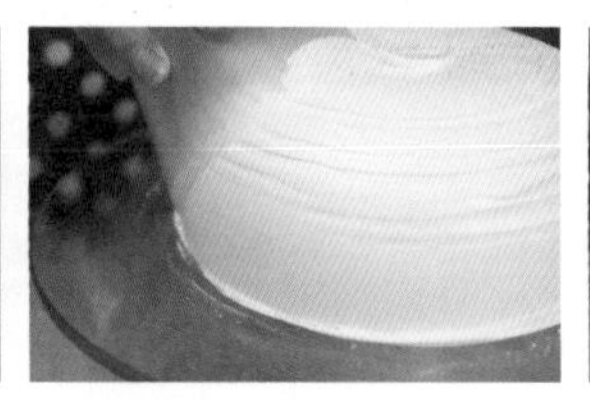

❸ 用欧式刮片将奶油刮均匀。

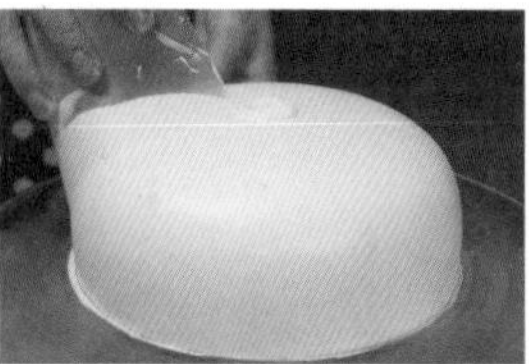

❹ 刮奶油时注意刮的角度和力度要一致。

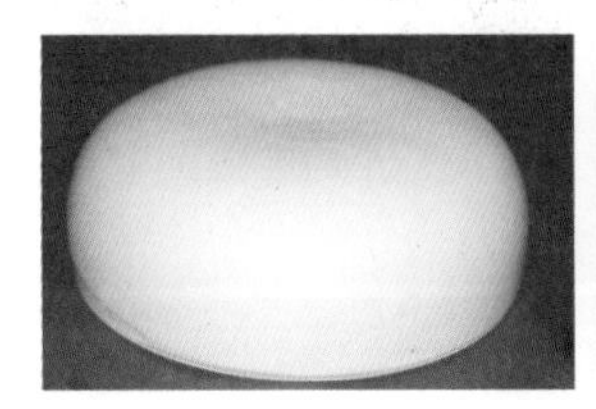

❺ 如图所示即是抹平后的效果，注意奶油的光滑度。

❻ 在蛋糕表面挤上巧克力果膏。

❼ 将整个蛋糕挤满果膏，并用欧式刮片刮平。

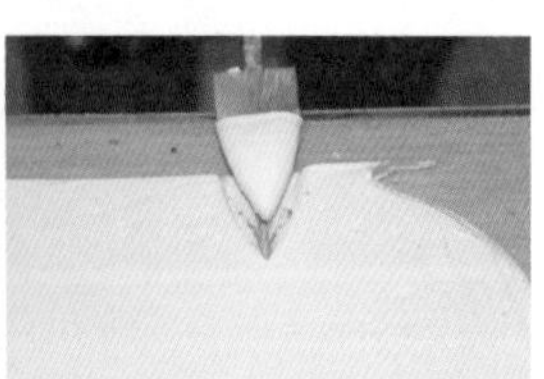

❽ 用多功能小铲蘸上奶油。

❾ 将奶油压在蛋糕的侧面并往上拉出纹路。

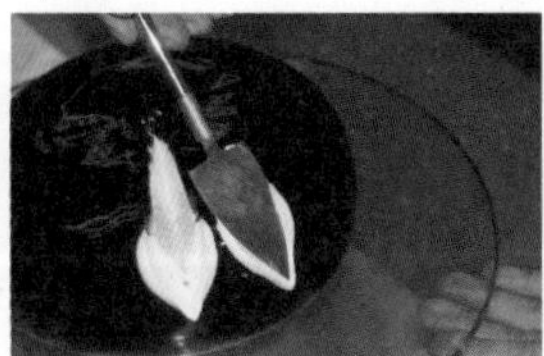

❿ 用同样的方法压出第二道纹路。

⓫ 压出一圈的纹路，注意纹路排列的间距。

⓬ 最后用巧克力配件和水果装饰蛋糕。

STYLE 8

❶ 在蛋糕胚上堆上打发的鲜奶油。

❷ 用吻刀将蛋糕抹圆。

❸ 将蛋糕抹匀，消除奶油中的气泡。

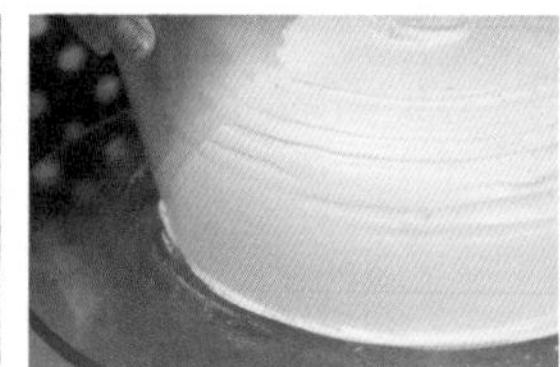

❹ 用欧式刮片将蛋糕刮圆。

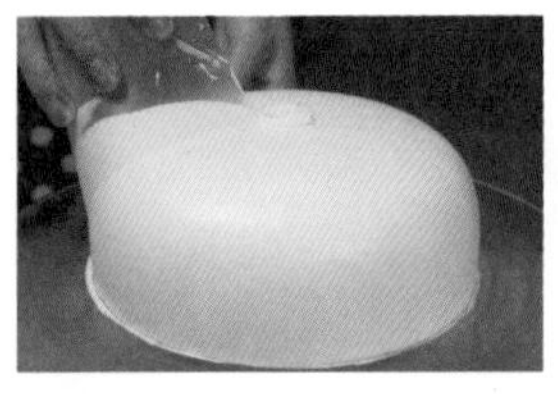

❺ 刮圆时注意刮的角度和力度要一致。

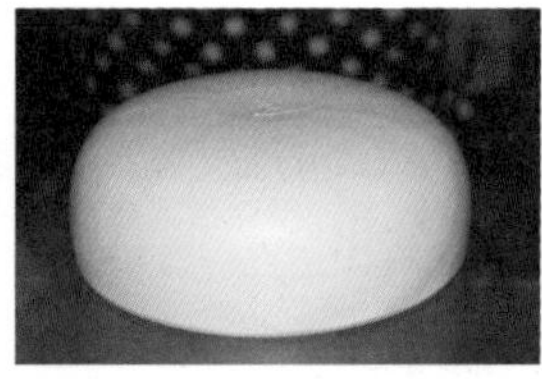

❻ 如图所示即是刮好后的效果，注意奶油的光滑度。

❼ 用多功能小铲在蛋糕上压出纹路。

❽ 在蛋糕顶部用欧式刮片刮出凹陷处。

❾ 用多功能小铲在蛋糕边沿往里压出纹路。

❿ 用彩喷粉将侧面纹路喷上颜色。

⓫ 在蛋糕顶部凹陷处挤上香橙果膏。

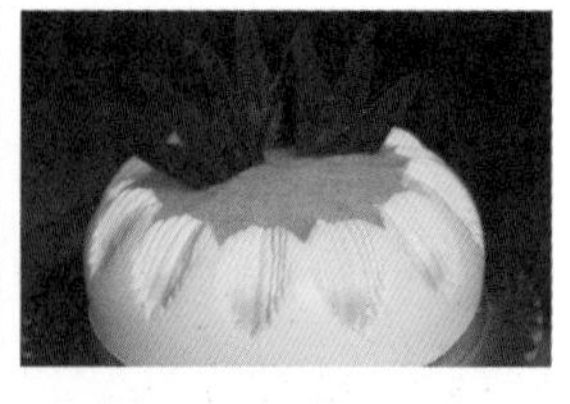

⓬ 最后用巧克力配件和水果装饰蛋糕。

蛋糕造型的制作——吸囊应用范例

STYLE 1

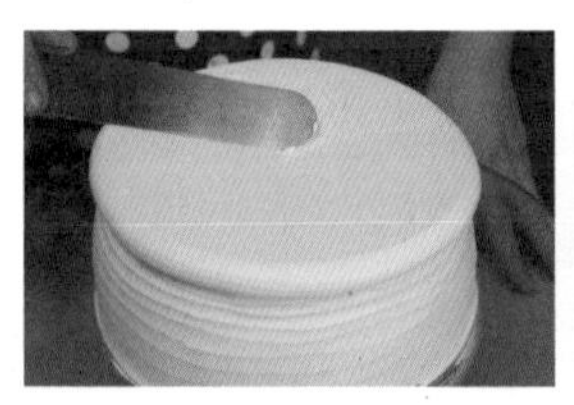

❶ 用吻刀抹胚。

❷ 上下来回多抹几次，消除奶油中的气泡。

❸ 如图所示即是抹平后的效果，注意奶油的光滑度。

❹ 在蛋糕边沿由上往下刮出断面造型。

❺ 将蛋糕底部多余的奶油刮掉。

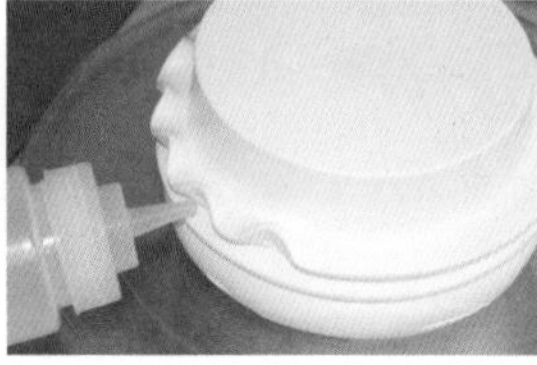

❻ 用吹瓶将断层吹出波浪状。

❼ 在蛋糕顶部用欧式刮片刮出凹陷处。

❽ 注意刮片的角度和力度要一致。

❾ 用吸囊将蛋糕侧面吸出圆洞。

❿ 圆洞的间距和水平位置要一致，并注意光滑度。

⓫ 在蛋糕底部挤上巧克力果膏。

⓬ 在蛋糕顶部凹陷处挤上柠檬果膏，最后用巧克力配件和水果装饰蛋糕。

STYLE 2

❶ 用吻刀从上至下将奶油压平。

❷ 用吻刀将蛋糕表面和侧面的奶油刮平。

❸ 在蛋糕边沿由上往下刮出断面造型。

❹ 将断面边沿修薄修光滑。

❺ 将蛋糕底部多余的奶油刮掉。

❻ 将蛋糕底部修整光滑。

❼ 在蛋糕顶部用欧式刮片刮出凹陷处。

❽ 注意刮片的角度和力度要一致。

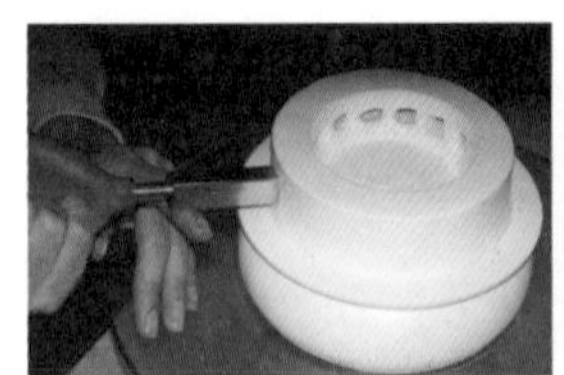

❾ 用吸囊从侧面往内吸出方洞。

❿ 再从上至下吸出方洞。

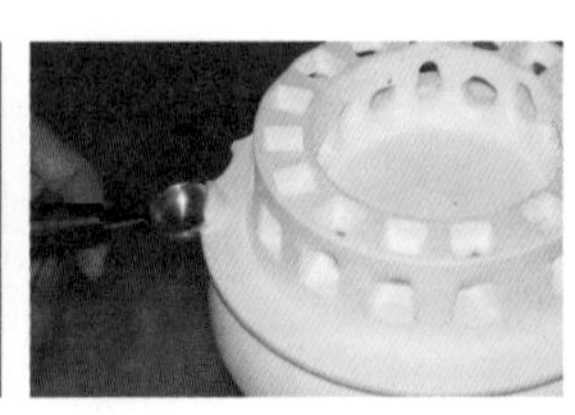

⓫ 用汤勺在断面边沿压出齿状。

⓬ 在蛋糕底部和顶部挤上柠檬果膏，最后用巧克力配件和水果装饰蛋糕。

STYLE 3

❶ 用吻刀在边沿刮出凹槽。

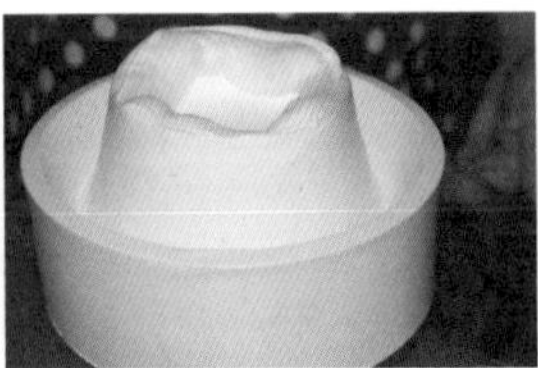

❷ 将凹槽加至可以吸洞的深度。

❸ 将蛋糕顶部的奶油修整好。

❹ 在凹槽内挤上柠檬果膏。

❺ 从上至下将顶部边沿的奶油往外压平。

❻ 直至鲜奶油完全将凹槽封住。

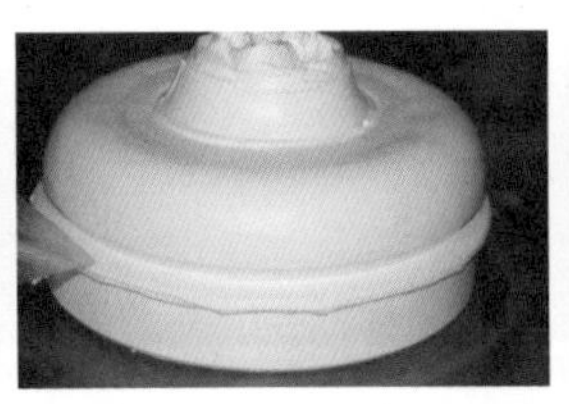

❼ 将蛋糕底部多余的奶油刮掉，并修整好。

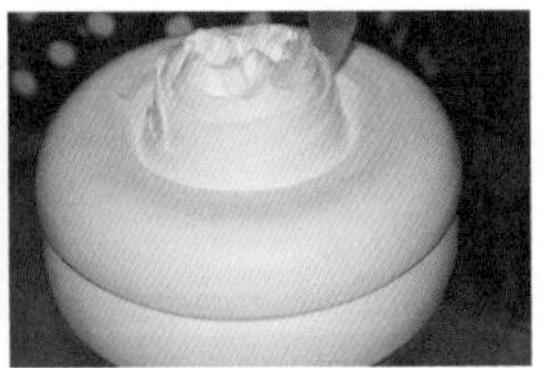

❽ 在蛋糕顶部用欧式刮片刮出凹陷处。

❾ 在蛋糕表面凹陷处修出一条边。

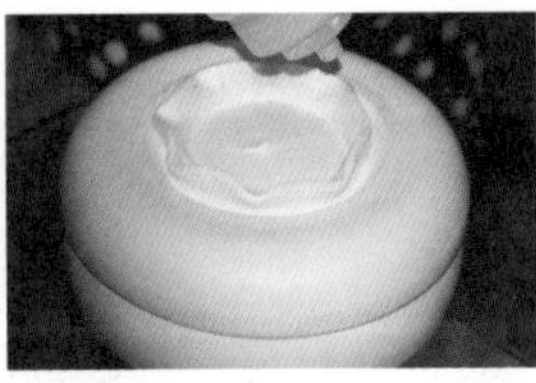

❿ 用吹瓶将顶部的边沿吹成波浪状。

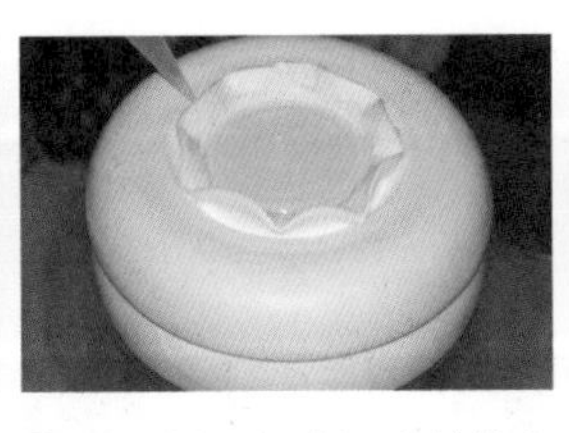

⓫ 在蛋糕顶部边沿内外挤上柠檬果膏。

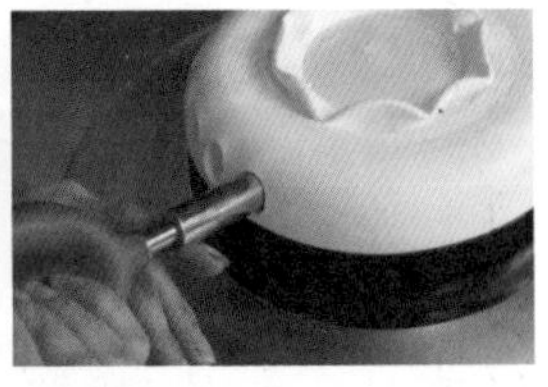

⓬ 在蛋糕底部挤上巧克力果膏，用吸囊在蛋糕侧面吸出圆洞，最后用巧克力配件和水果装饰蛋糕。

STYLE 1

❶ 用吻刀抹出一个直面蛋糕胚。

❷ 在蛋糕表面边沿处挤上巧克力果膏。

❸ 用欧式刮片将果膏刮平。

❹ 在蛋糕侧面将果膏挤出水滴状。

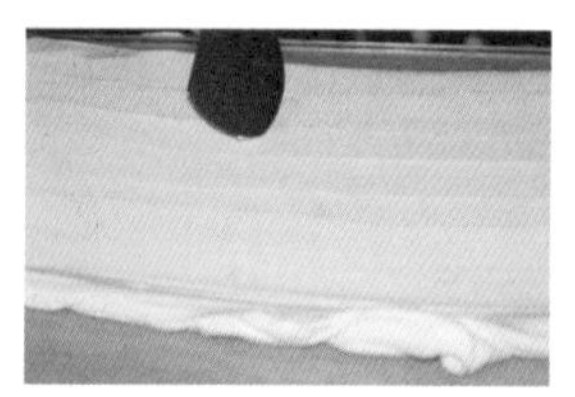

❺ 在工作台上抹一层奶油，再用万能刮片刮出花纹。

❻ 用巧克力果膏在奶油上挤出线条。

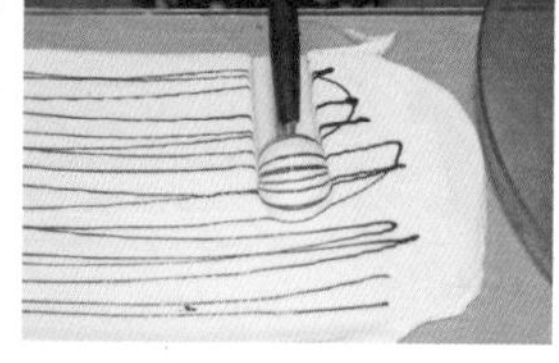

❼ 用果挖将奶油推出贝壳状。

❽ 将贝壳状奶油轻放在蛋糕表面。

❾ 注意摆放时的力度和排列的均匀度。

❿ 将贝壳状奶油在蛋糕表面放上一圈。

⓫ 再在蛋糕表面挤上柠檬果膏。

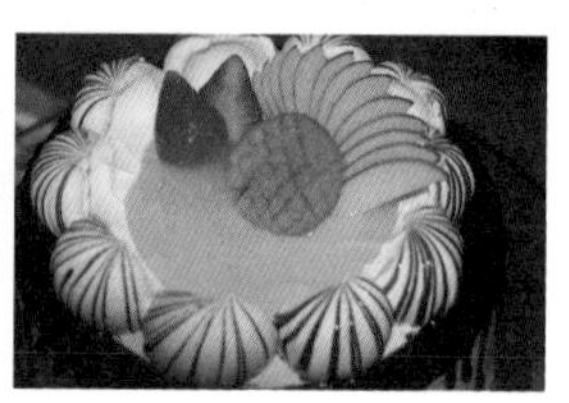

⓬ 最后用巧克力配件和水果装饰蛋糕。

STYLE 2

❶ 在蛋糕胚上堆上打发的鲜奶油。

❷ 用吻刀将蛋糕抹圆。

❸ 将蛋糕抹均匀，消除奶油中的气泡。

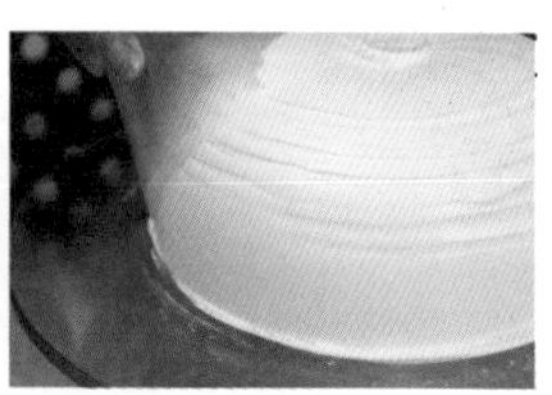

❹ 用欧式刮片将蛋糕刮圆。

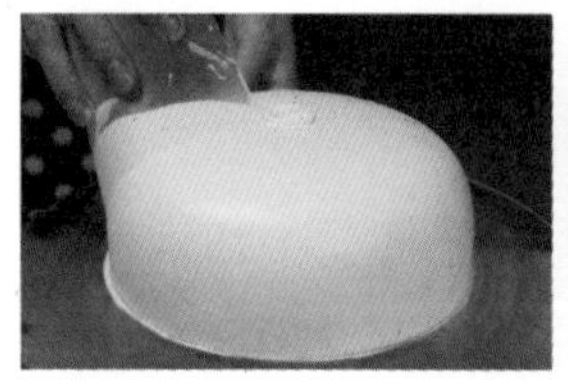

❺ 用欧式刮片将蛋糕刮圆时注意力度的控制。

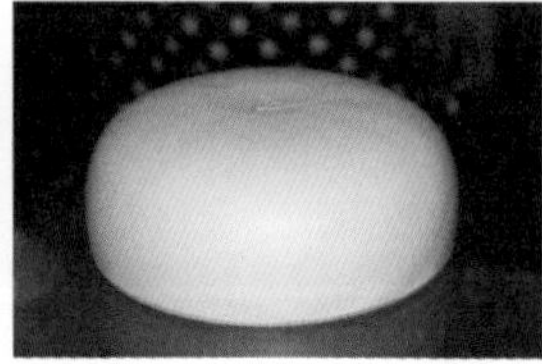

❻ 如图所示即是刮好后的效果，注意奶油的光滑度。

❼ 在蛋糕表面挤上哈密瓜果膏并抹平。

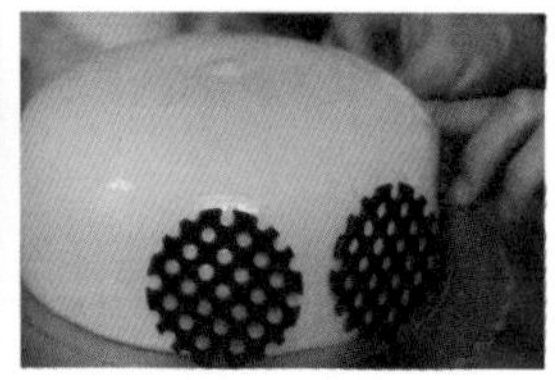

❽ 用圆洞状巧克力配件装饰蛋糕侧面。

❾ 注意巧克力配件排放的间距要均匀。

❿ 最后用巧克力配件和水果装饰蛋糕。

STYLE 3

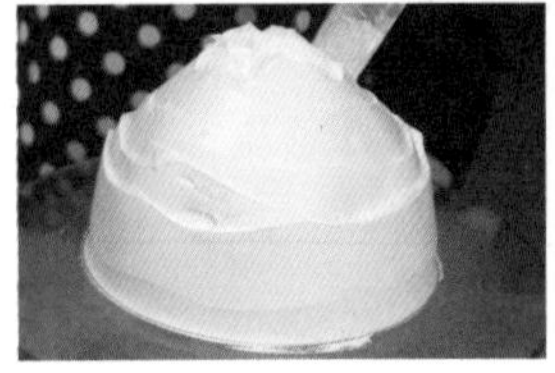

❶ 在蛋糕胚上堆上打发的鲜奶油。

❷ 用吻刀将蛋糕抹圆。

❸ 将蛋糕抹均匀，消除奶油中的气泡。

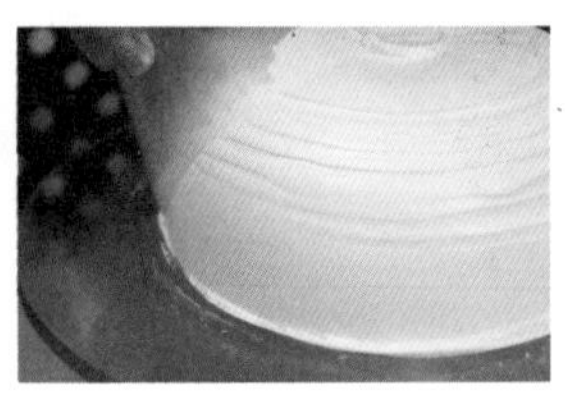

❹ 用欧式刮片将蛋糕刮圆。

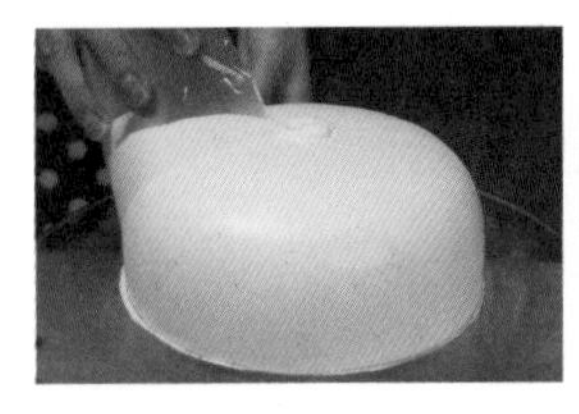

❺ 用欧式刮片将蛋糕刮圆时注意力度的控制。

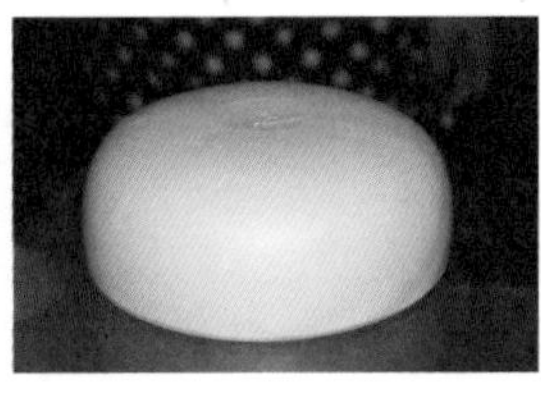

❻ 如图所示即是刮好后的效果，注意奶油的光滑度。

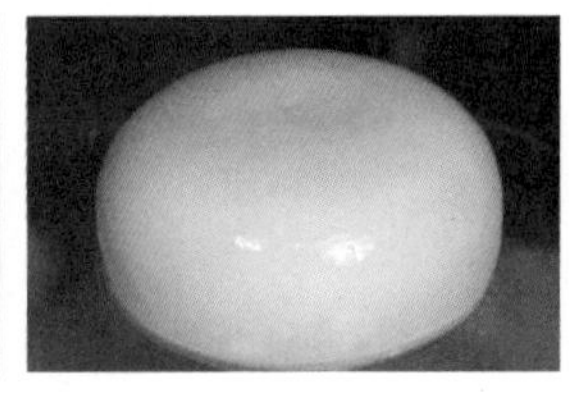

❼ 在蛋糕表面挤上哈密瓜果膏并抹匀。

❽ 将巧克力配件分别放在蛋糕底边和顶部做装饰。

❾ 最后用巧克力配件和水果装饰蛋糕。

STYLE 4

❶ 在蛋糕胚上堆上打发的鲜奶油。

❷ 用吻刀将蛋糕抹圆。

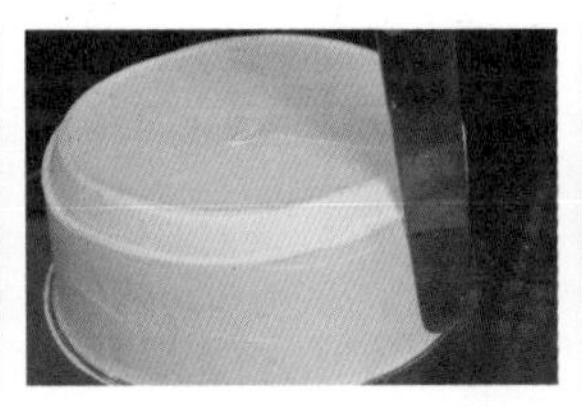

❸ 将蛋糕抹均匀，消除奶油中的气泡。

❹ 用欧式刮片将蛋糕刮圆。

❺ 用欧式刮片将蛋糕刮圆的同时注意力度的控制。

❻ 如图所示即是刮好后的效果，注意奶油的光滑度。

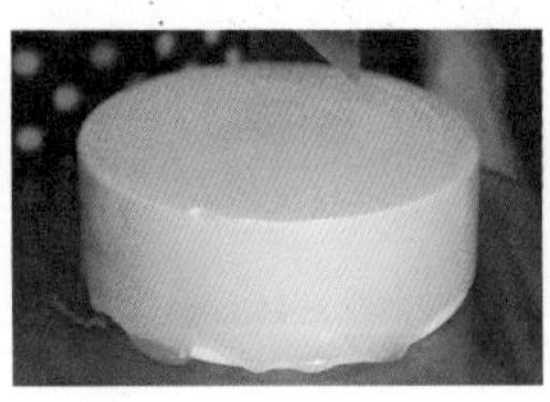

❼ 在蛋糕表面挤上柠檬果膏并抹匀。

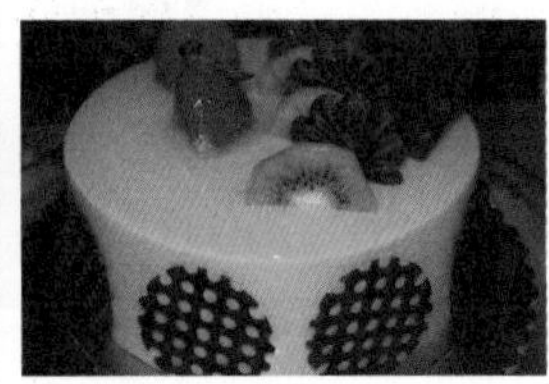

❽ 将圆形的巧克力配件放在蛋糕侧面做装饰，水果和长条形的巧克力配件放在蛋糕上面做装饰。

STYLE 5

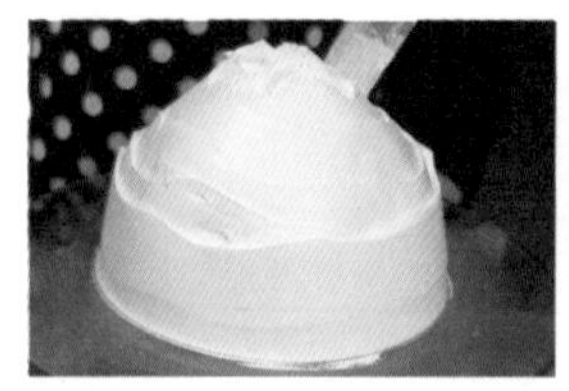

❶ 在蛋糕胚上堆上打发的鲜奶油。

❷ 用吻刀将蛋糕抹圆。

❸ 将蛋糕抹均匀，消除奶油中的气泡。

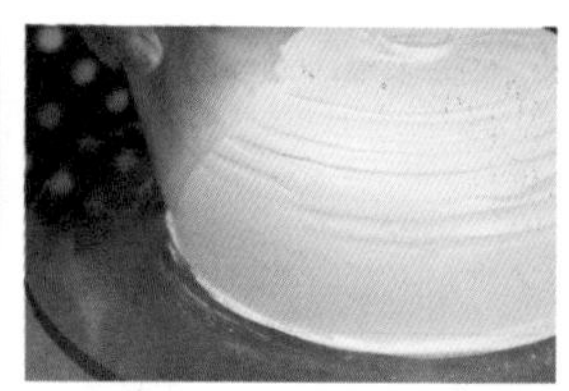

❹ 用欧式刮片将蛋糕刮圆。

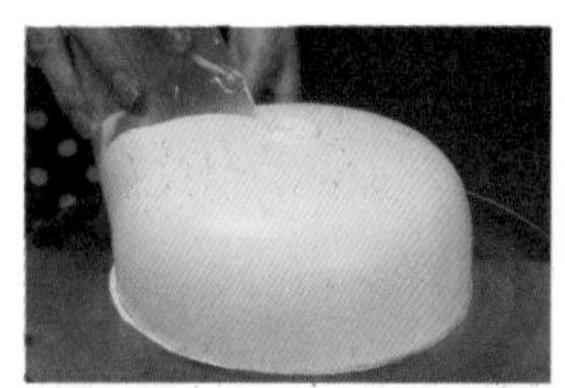

❺ 用欧式刮片将蛋糕刮圆时注意力度的控制。

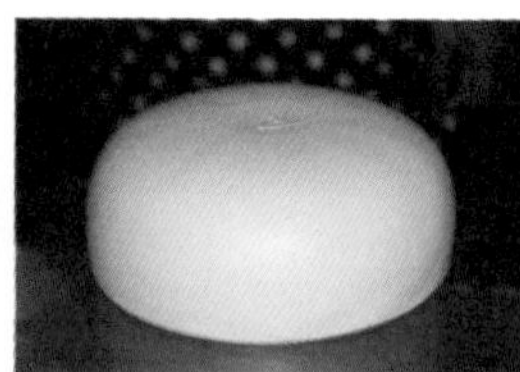

❻ 如图所示即是刮好后的效果，注意奶油的光滑度。

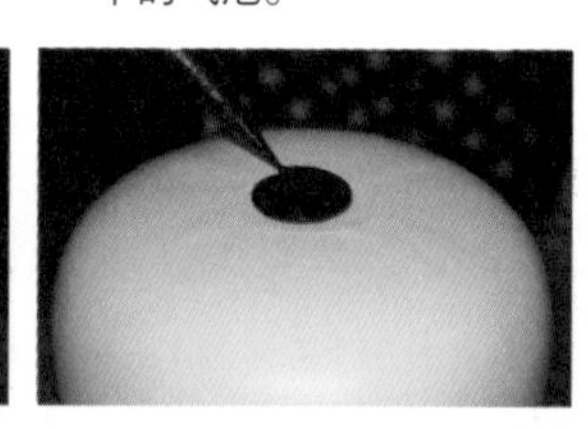

❼ 在蛋糕表面挤上熔化好的巧克力。

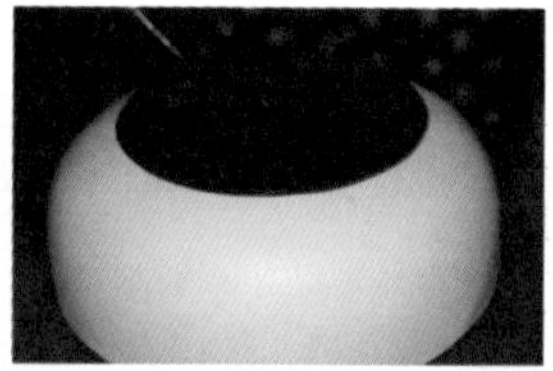

❽ 注意力度的控制，挤时速度要快。

❾ 速度慢将导致巧克力凝固后失去光泽。

❿ 速度快能使巧克力很流畅地往下流，凝固后表面光滑。

⓫ 将白色巧克力铲花配件放在蛋糕侧面做装饰。

⓬ 最后用巧克力配件和水果装饰蛋糕顶部。

STYLE 6

❶ 在蛋糕胚上堆上打发的鲜奶油。

❷ 用吻刀将蛋糕抹圆。

❸ 注意抹的角度和力度。

❹ 将蛋糕抹均匀，消除奶油中的气泡。

❺ 用吻刀将奶油往下压。

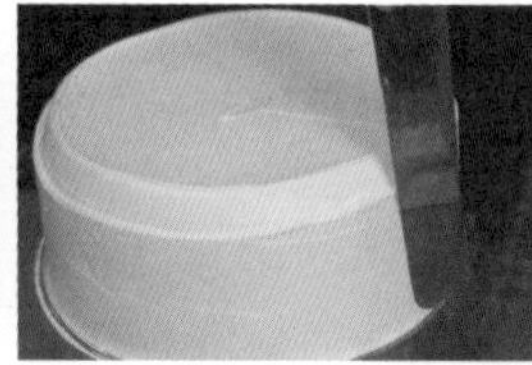

❻ 用吻刀将蛋糕侧面垂直抹平。

❼ 将蛋糕表面的奶油刮平。

❽ 如图所示即是刮好后的效果，注意奶油的光滑度。

❾ 将熔化好的巧克力挤到蛋糕表面。

❿ 注意力度的控制，速度要快，速度慢将导致巧克力凝固后失去光泽。

⓫ 速度快能使巧克力很流畅地往下流，凝固后表面光滑。

⓬ 最后用巧克力配件和水果装饰蛋糕。

STYLE 7

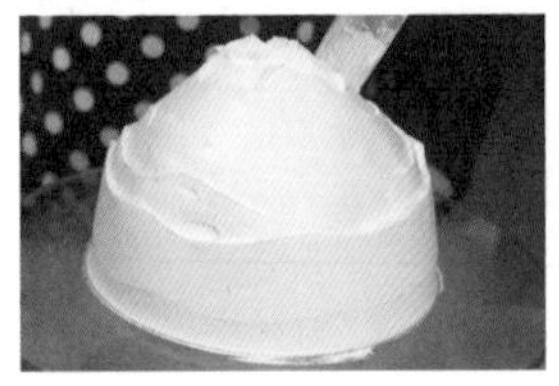

❶ 在蛋糕胚上堆上打发的鲜奶油。

❷ 用吻刀将蛋糕抹圆。

❸ 将蛋糕抹均匀，消除奶油中的气泡。

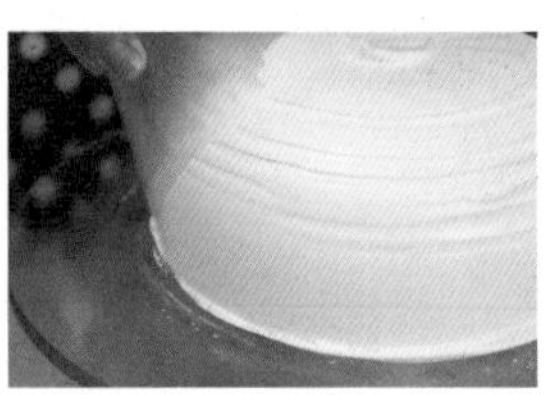

❹ 用欧式刮片将蛋糕刮圆。

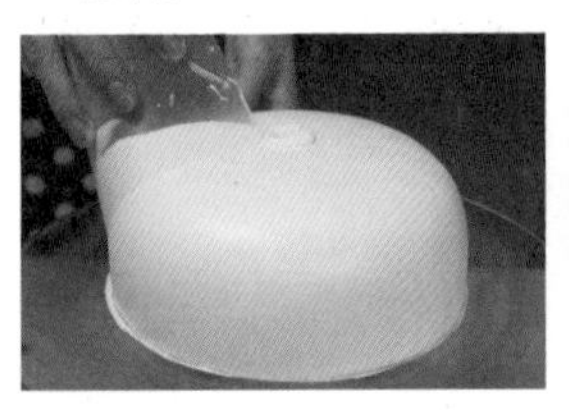

❺ 用欧式刮片将蛋糕刮圆时注意力度的控制。

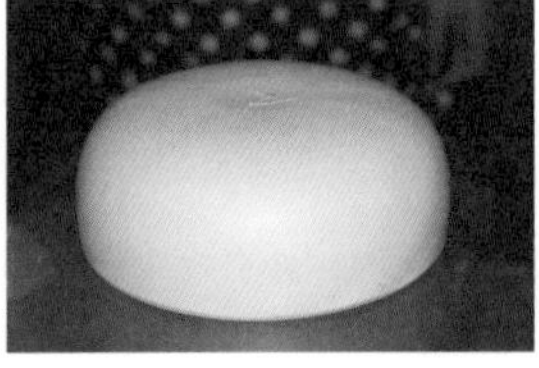

❻ 如图所示即是刮好后的效果，注意奶油的光滑度。

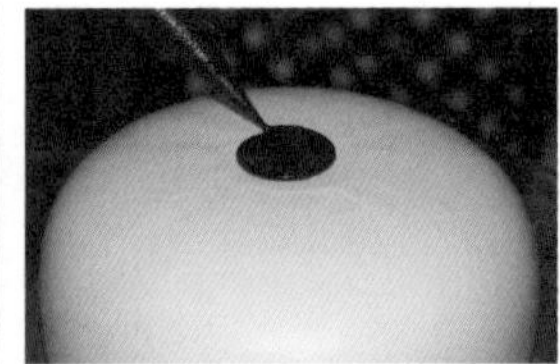

❼ 将熔化好的巧克力挤在蛋糕表面。

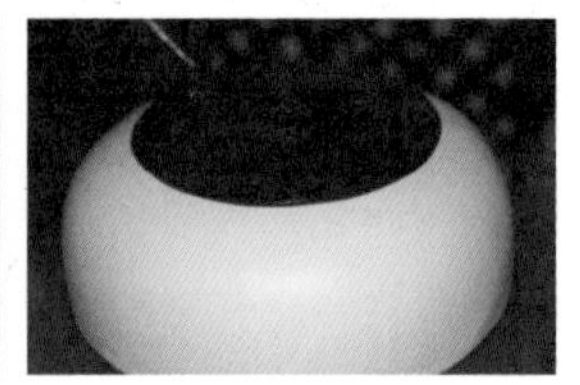

❽ 挤时速度要快，并注意力度的控制。

❾ 速度慢将导致巧克力凝固后失去光泽。

❿ 速度快能使巧克力很流畅地往下流，凝固后表面光滑。

⓫ 挤上熔化好的白色巧克力做衬托。

⓬ 最后用巧克力配件和水果装饰蛋糕。

STYLE 8

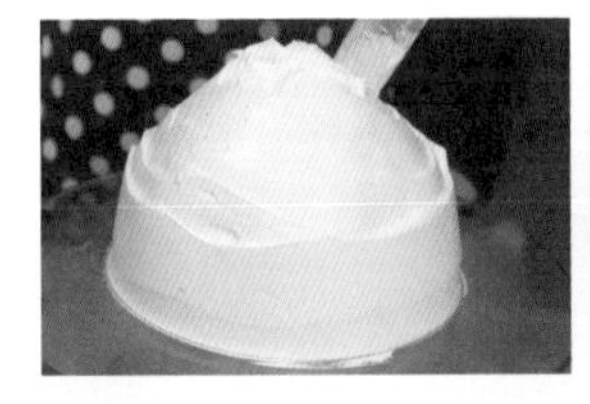

❶ 在蛋糕胚上堆上打发的鲜奶油。

❷ 用吻刀将蛋糕抹圆。

❸ 将蛋糕抹均匀，消除奶油中的气泡。

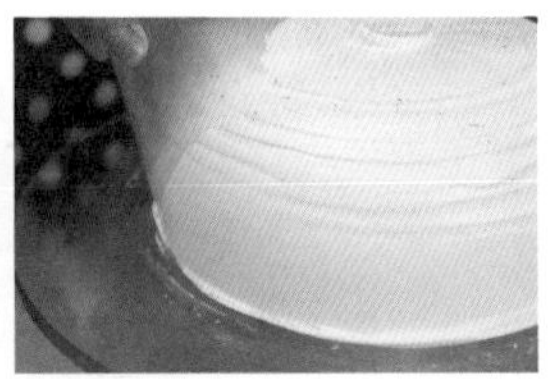

❹ 用欧式刮片将蛋糕刮圆。

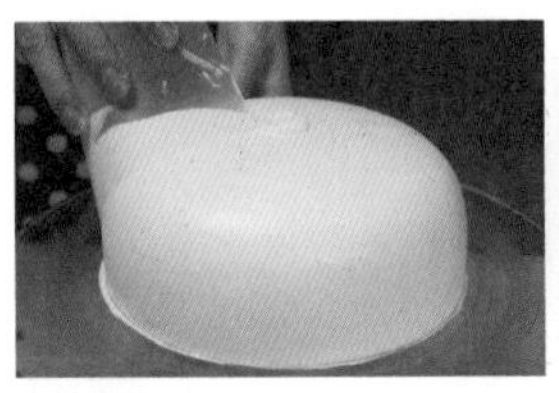

❺ 用欧式刮片将蛋糕刮圆时注意力度的控制。

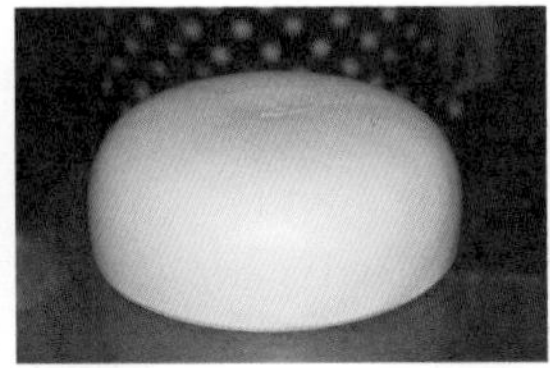

❻ 如图所示即刮好后的效果，注意奶油的光滑度。

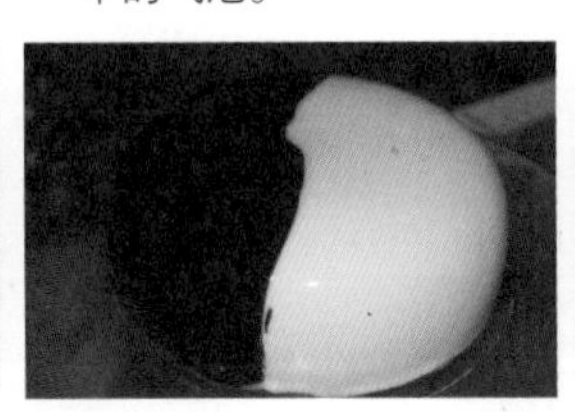

❼ 在蛋糕表面一半挤上黑色巧克力，一半挤上白色巧克力。

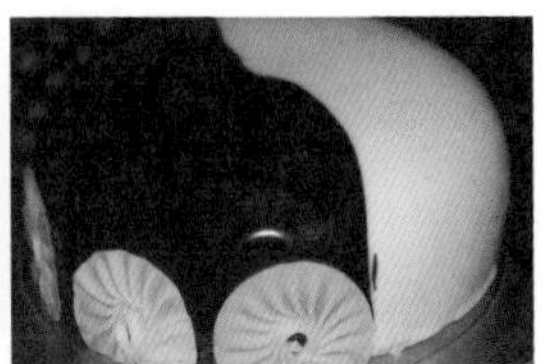

❽ 黑色巧克力淋面的侧面用白色巧克力铲花装饰。

❾ 白色巧克力淋面的侧面用黑色巧克力铲花装饰。

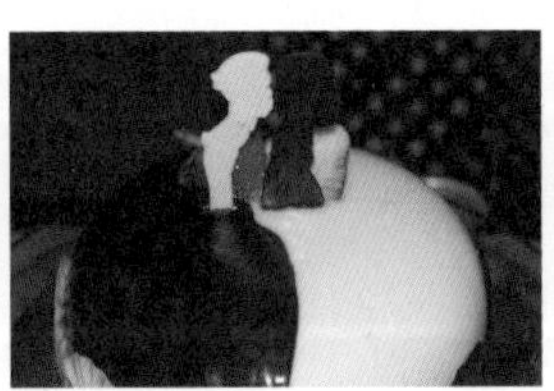

❿ 蛋糕表面用印成人物轮廓的巧克力配件装饰。

⓫ 将猕猴桃切成碎丁后摆在蛋糕上。

⓬ 最后用巧克力配件和水果装饰蛋糕。

STYLE 1

❶ 用吻刀抹胚。

❷ 用欧式刮片在蛋糕侧面刮出齿纹。

❸ 将蛋糕表面的奶油刮平整。

❹ 用欧式刮片将蛋糕表面修整光滑。

❺ 在蛋糕侧面用欧式刮片刮出断面造型。

❻ 将蛋糕顶部的奶油刮平。

❼ 在蛋糕顶部用欧式刮片刮出凹陷处。

❽ 用吻刀在顶部边沿处往内压出纹路。

❾ 在侧面凹槽内挤上柠檬果膏。

❿ 在顶部凹陷处挤上巧克力果膏。

⓫ 用吻刀在蛋糕侧面压出造型。

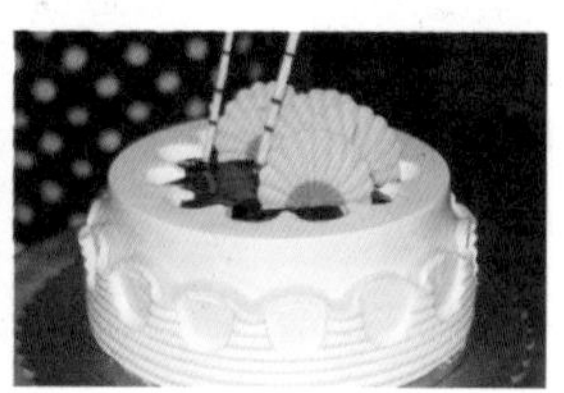

⓬ 最后用巧克力配件和水果装饰蛋糕。

STYLE 2

❶ 用吻刀抹胚。

❷ 将蛋糕抹均匀，消除奶油中的气泡。

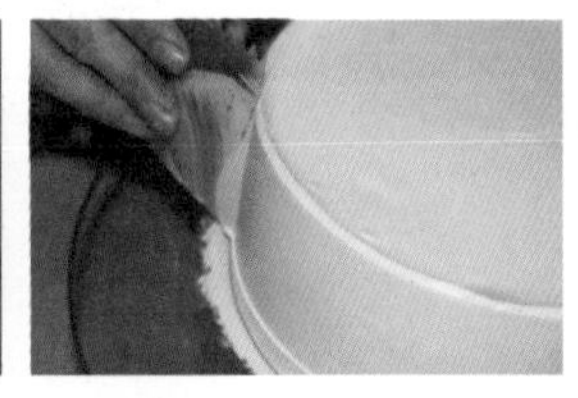

❸ 用欧式刮片将蛋糕侧面刮直。

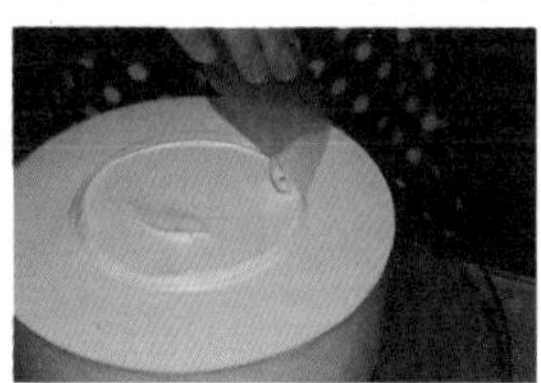

❹ 将蛋糕表面鲜奶油刮平。

❺ 如图所示即是做好的直面蛋糕胚。

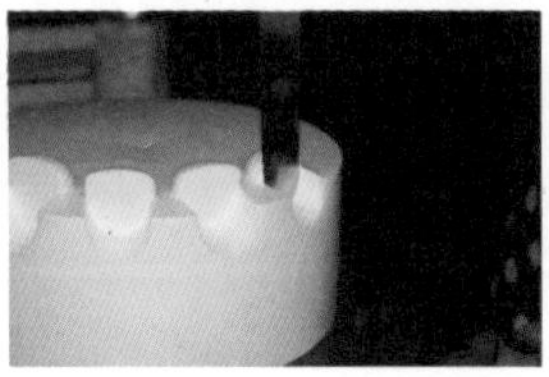

❻ 用吻刀在蛋糕顶部侧面压出纹路。

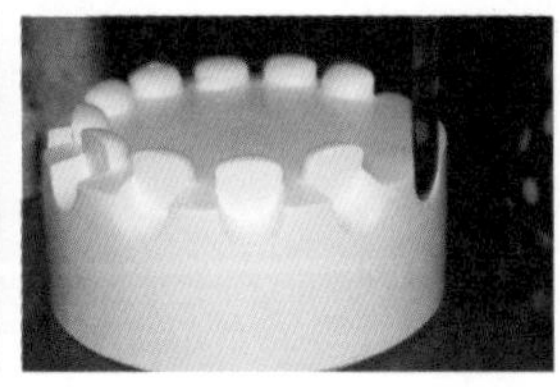

❼ 注意纹路之间的间距要均匀。

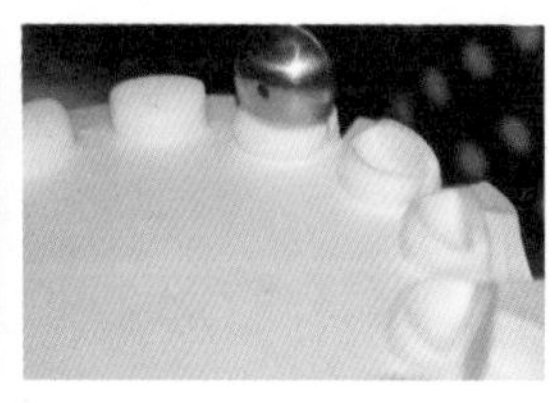

❽ 用汤勺在顶部边沿压出造型。

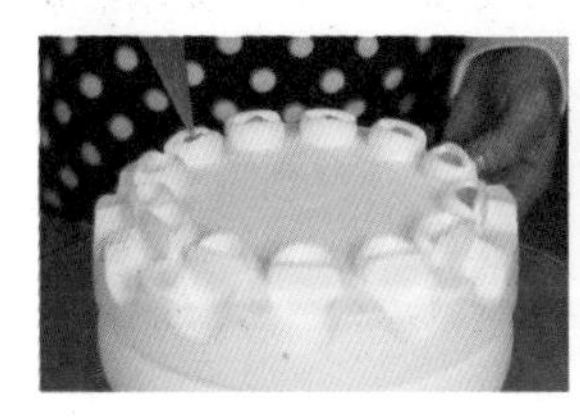

❾ 在压出的凹槽内挤上绿茶果膏。

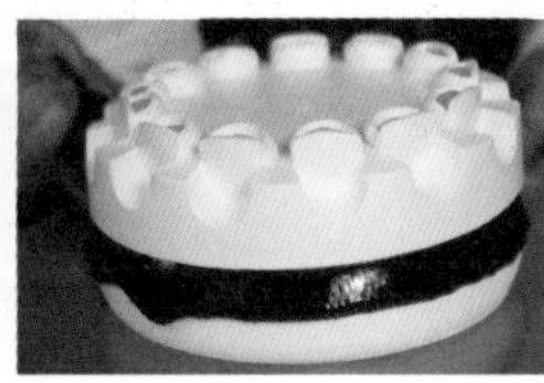

❿ 在蛋糕底部挤上巧克力果膏。

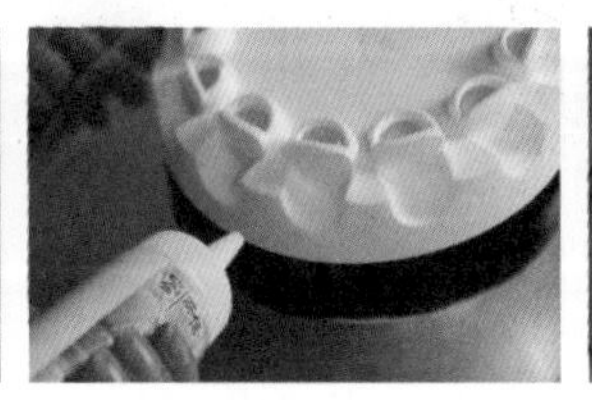

⓫ 在蛋糕侧面用彩喷粉喷上颜色。

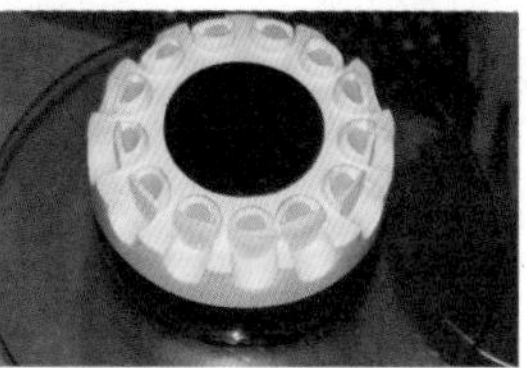

⓬ 在蛋糕顶部挤上巧克力果膏，最后用巧克力配件和水果装饰蛋糕。

STYLE 3

❶ 用吻刀抹胚。

❷ 将蛋糕抹均匀，消除奶油中的气泡。

❸ 用欧式刮片将蛋糕侧面刮平。

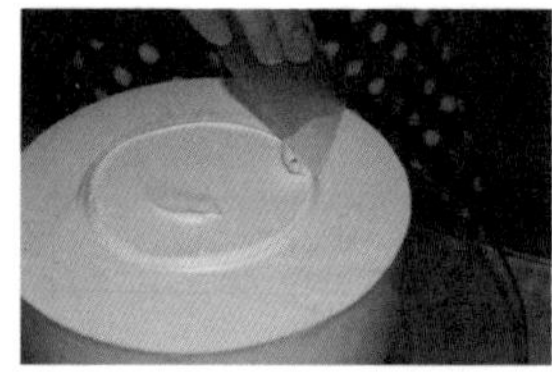

❹ 将蛋糕表面的奶油刮平。

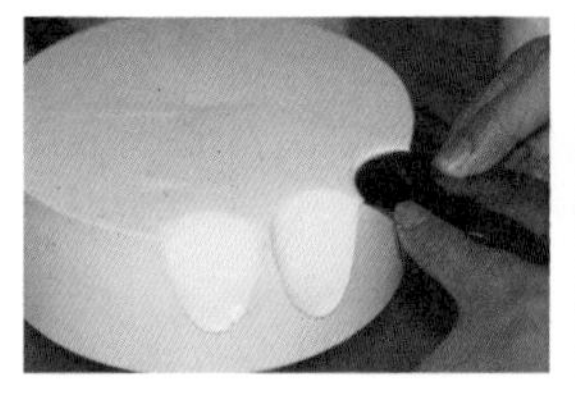

❺ 用万能刮片在蛋糕侧面压出纹路。

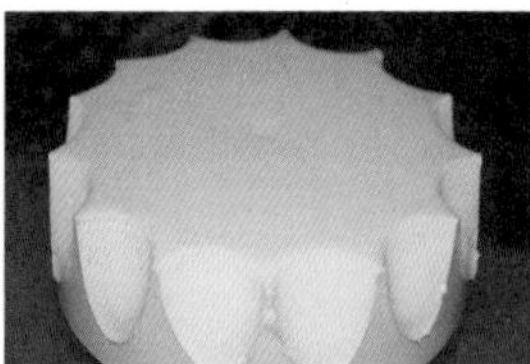

❻ 注意纹路间距的均匀度。

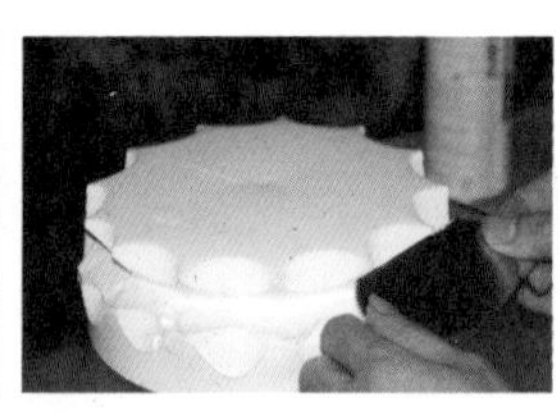

❼ 从侧面往内压出断面造型。

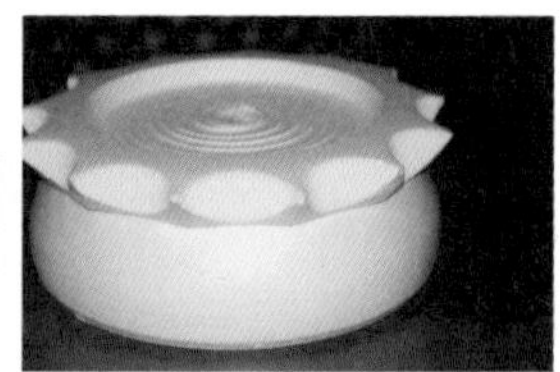

❽ 在蛋糕表面用欧式刮片刮出凹陷处，将底部多余的奶油刮掉。

❾ 在蛋糕底部挤上柠檬果膏。

❿ 用欧式刮片将果膏刮平。

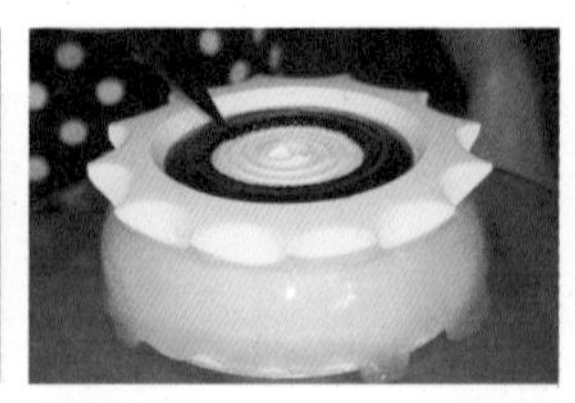

⓫ 在蛋糕顶部凹陷处挤上巧克力果膏。

⓬ 将巧克力果膏刮平后，用巧克力配件和水果装饰蛋糕。

STYLE 4

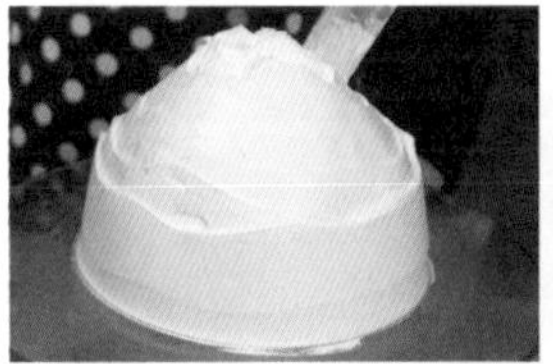

❶ 在蛋糕胚上堆上打发的鲜奶油。

❷ 用吻刀将蛋糕抹圆。

❸ 将蛋糕抹均匀，消除奶油中的气泡。

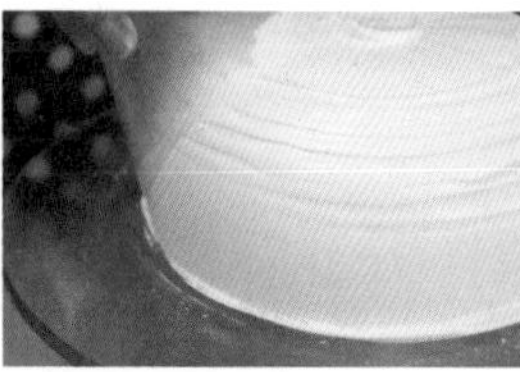

❹ 用欧式刮片将蛋糕刮圆。

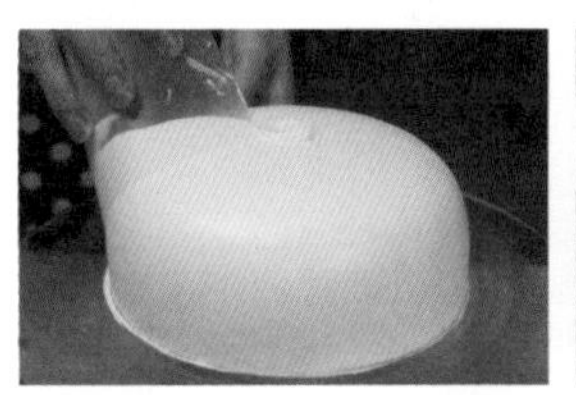

❺ 如图所示即是抹平后的效果，注意光滑度。

❻ 用裱花器在蛋糕侧面挤上圆球状奶油。

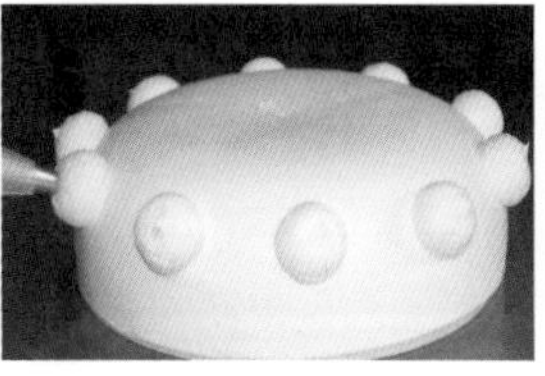

❼ 整个蛋糕侧面均匀地挤上一圈圆球状奶油。

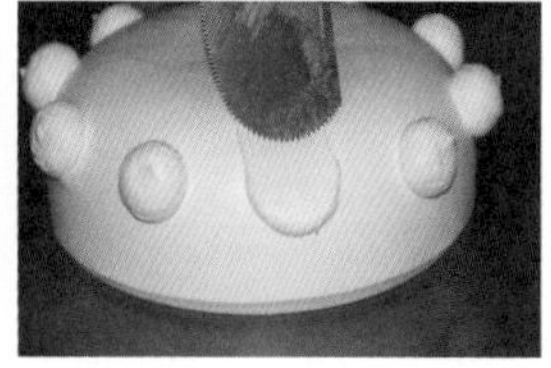

❽ 用不锈钢万能刮片在圆球上由外往内压出纹路。

❾ 在纹路上挤出一圈圆球状奶油。

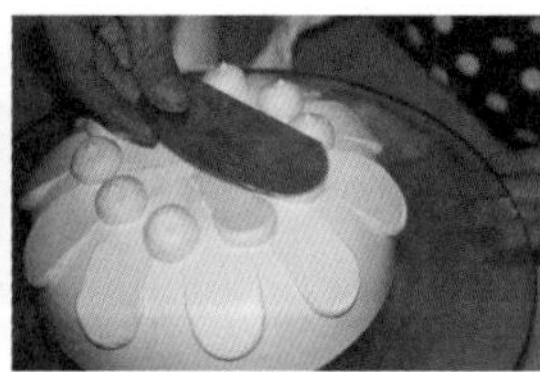

❿ 用万能刮片将圆球状奶油往下压出纹路。

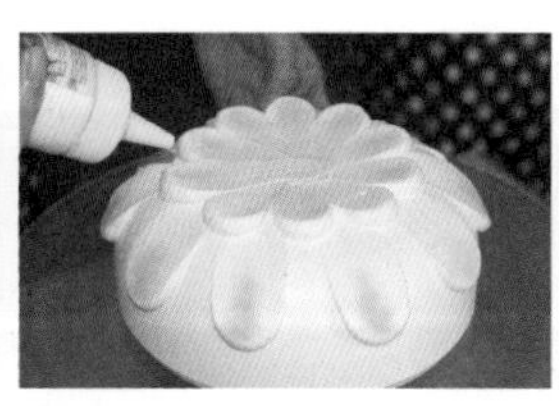

⓫ 用绿茶彩喷粉将纹路喷上颜色。

⓬ 用巧克力配件和水果装饰蛋糕。

花卉蛋糕制作 part 3

在蛋糕胚的基础上以拉、抖、推、绕等手法，制作出各种色彩丰富、形象逼真的花朵，使得蛋糕更生动，还可藉由花语表达真挚的情感。

制作花卉蛋糕须知

为了让花卉蛋糕做得更逼真，在制作花卉蛋糕前应先了解花的花语（即什么花代表什么意义）及花的特征，再进行花卉蛋糕的制作。例如，玫瑰花代表爱情；百合花代表百年好合，事事如意；蝴蝶兰饱含尊敬的爱意；菊花代表高洁、长寿；大丽花代表华丽、优雅、大吉大利；跳舞兰代表快乐、活泼。

在制作蛋糕花卉时的主要手法有：拉、抖、推、绕。

拉：制作花瓣根部时鲜奶油挤厚一点，然后裱花嘴直接向上提拉的手法。

抖：将裱花嘴上下抖动的方式做出花瓣纹路的手法。

推：裱花嘴角度、位置保持不变，直接挤出鲜奶油的手法。

绕：以直拉鲜奶油并画弧的动作，使整个花朵包住花瓣的手法。

制作花卉的要点：

❶要注意符合花的开放规律，大部分花卉的花蕊要凹下去。

❷花朵要圆，大部分花卉的形状是圆的。

❸着色要有食欲感，要有深浅的体现，不要太深或太浅，显得单调。

❹打发鲜奶油时要注意打发的程度。做菊花、大丽花的奶油要稍软些，才能拔出尖的叶瓣；做玫瑰花的奶油要软硬适中，这样做出的花瓣才不会粘在一起；做康乃馨的奶油要硬些，这样才能做出打皱的自然效果。

❺同样的花嘴有大中小号之分，且做出花的效果也不一样，但无论哪一种，花嘴的开口要略宽些，嘴形要略弯些，这样的花嘴做出的花卉根部支撑力才够，才能做出层次分明的大花卉。

制作花卉时有以下几种着色方法：

1.外边缘喷法　2.根部喷法　3.遮挡喷法　4.中心喷法　5.复色喷法　6.夹色喷法

玫瑰花蛋糕

Mei Gui Hua Dan Gao

玫瑰花蛋糕

MEI GUI HUA DAN GAO

热烈的爱。

绕。

❶ 先准备好一个中号花托放在裱花棒上，用专用玫瑰花花嘴，按如图中所示的角度开始做花。
❷ 在尖端以逆时针的方向做出一圈，把花托包起，做出花蕊部分。
❸ 再以顺时针的方向从上至下挤出第一瓣花瓣。
❹ 第二瓣花瓣在第一瓣花瓣的中间部分由上往下挤出。
❺ 按第四个步骤的手法挤出第三瓣、第四瓣花瓣。
❻ 每一瓣花瓣的高度不能比前面的花瓣低。
❼ 注意花瓣的角度，太聚中或者太散开都不好。
❽ 在预先准备好的心型蛋糕上面摆放制作好的玫瑰花。
❾ 注意摆放的位置。
❿ 全部的花都要略向正面倾斜。
⓫ 沿着蛋糕的心型边摆放一圈制作好的玫瑰花。
⓬ 将调好的绿色奶油装入裱花袋，用裱花嘴在玫瑰花的底部挤出叶子。

百合花蛋糕

Bai He Hua Dan Gao

百合花蛋糕

BAI HE HUA　DAN GAO

百年好合、永远幸福、心想事成。

拉。

1. 先准备好一个抹好的蛋糕胚，在蛋糕侧面挤上一层巧克力果膏。
2. 在顶部和底部周围挤出花边作为衬托。
3. 在蛋糕的表面挤上巧克力果膏。
4. 在蛋糕上制作出一个小花篮，以备装入制作好的百合花。
5. 准备好一个中号花托放在裱花棒上，用百合花花嘴挤出第一瓣花瓣。
6. 第二瓣花瓣在第一瓣花瓣的3/4处用花嘴贴着花托挤出。
7. 百合花的花瓣为六瓣。
8. 用彩喷粉将花瓣喷上颜色。
9. 用奶油细裱袋挤出花蕊。
10. 花蕊底部稍微挤大一点、尾部拉细，才可以站得稳。
11. 将已经做好的百合花摆放在预先准备好的小花篮中。
12. 摆好后，用相同的方法制作出其他百合花。将调好的绿色奶油装入裱花袋，挤出叶子。

牡丹花蛋糕

Mu Dan Hua Dan Gao

牡丹花蛋糕

M U DAN HUA DAN GAO

寓意着和平幸福、荣华富贵、圆满、浓情。

抖。

❶ 先准备好一个大号花托放在裱花棒上，挤满奶油。
❷ 用大号专用玫瑰花花嘴，按如图所示的角度开始做花。
❸ 以抖的手法挤出第一层的五瓣花瓣。
❹ 以同样的手法开始第二层花瓣的制作。
❺ 注意角度和力度，以免破坏第一层花瓣。
❻ 挤出第三层花瓣也要注意角度和力度。
❼ 用彩喷粉将花瓣喷上颜色。
❽ 要注意喷上颜色的层次感。
❾ 一般在花瓣的边沿喷的颜色要浓一些，里面的颜色淡一些。
❿ 用奶油细裱袋挤出花蕊。
⓫ 用剪刀轻轻将整个花朵取出放在预先准备好的蛋糕上。
⓬ 用制作好的巧克力叶子衬托花朵。

蛋糕

He Hua Dan Gao

荷花蛋糕

寓意着纯洁、品德高尚、神圣。

拉。

制作过程

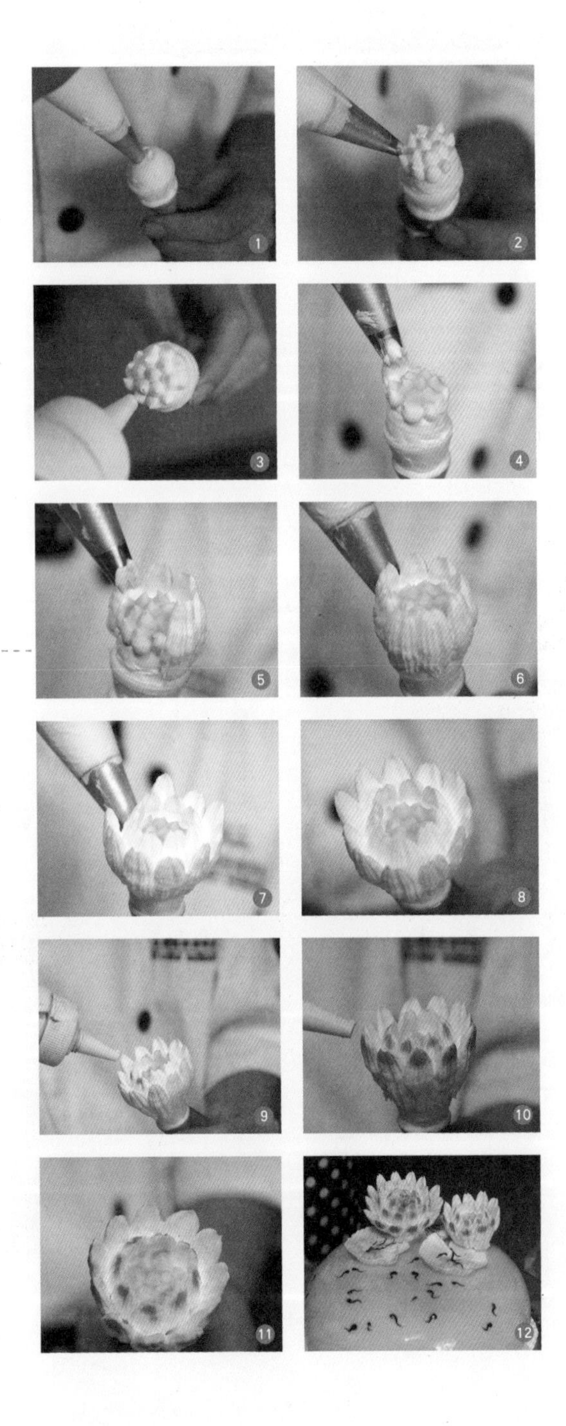

❶ 先准备好一个大号花托放在裱花棒上，用奶油挤出圆球状。
❷ 用小号圆花嘴，按如图所示的角度开始挤出花蕾。
❸ 用彩喷粉将花蕾喷上颜色。
❹ 用专用荷花花嘴，按如图所示的角度开始拉出多层花瓣。
❺ 每一层花瓣的长度要相同。
❻ 以同样的方法开始第二层花瓣的制作。
❼ 注意第一层花瓣要向里倾斜着拉直，第二层要稍微拉开一些。
❽ 两层要整齐有序，有层次感。
❾ 用彩喷粉将花瓣喷上颜色。
❿ 喷颜色只需喷在花瓣的尖部即可。
⓫ 里外两层相同，都将颜色喷在花瓣的尖部。
⓬ 将荷花放在预先准备好的蛋糕上，并配上荷叶和小蝌蚪做衬托。

菊花蛋糕

Ju Hua Dan Gao

菊花蛋糕

JU HUA DAN GAO

寓意着清净、真情、长寿。

拉。

❶ 先准备好一个中号花托放在裱花棒上，用专用菊花花嘴，按如图所示的角度开始挤出花蕊。

❷ 完全包住花托尖部挤出三层，作为花蕊。

❸ 挤好花蕊后开始直拉出第一层花瓣。

❹ 以同样的方式拉出第二层花瓣。

❺ 初步形成菊花的层次感。

❻ 拉出第三层花瓣，每一层都要比前面一层略高一些。

❼ 拉出的花瓣要尖，鲜奶油打发程度要求七成。

❽ 花瓣需要挤多少层、多大可以根据制作蛋糕的实际需要来确定。

❾ 用彩喷粉将花瓣喷上颜色。

❿ 喷颜色要喷出层次感，里面深边缘浅。

⓫ 用剪刀轻轻将整个花朵取出放在预先准备好的蛋糕上。

⓬ 用制作好的巧克力叶子衬托花朵。

蔷薇花蛋糕

Qiang Wei Hua Dan Gao

蔷薇花蛋糕

爱的思念。

绕、抖。

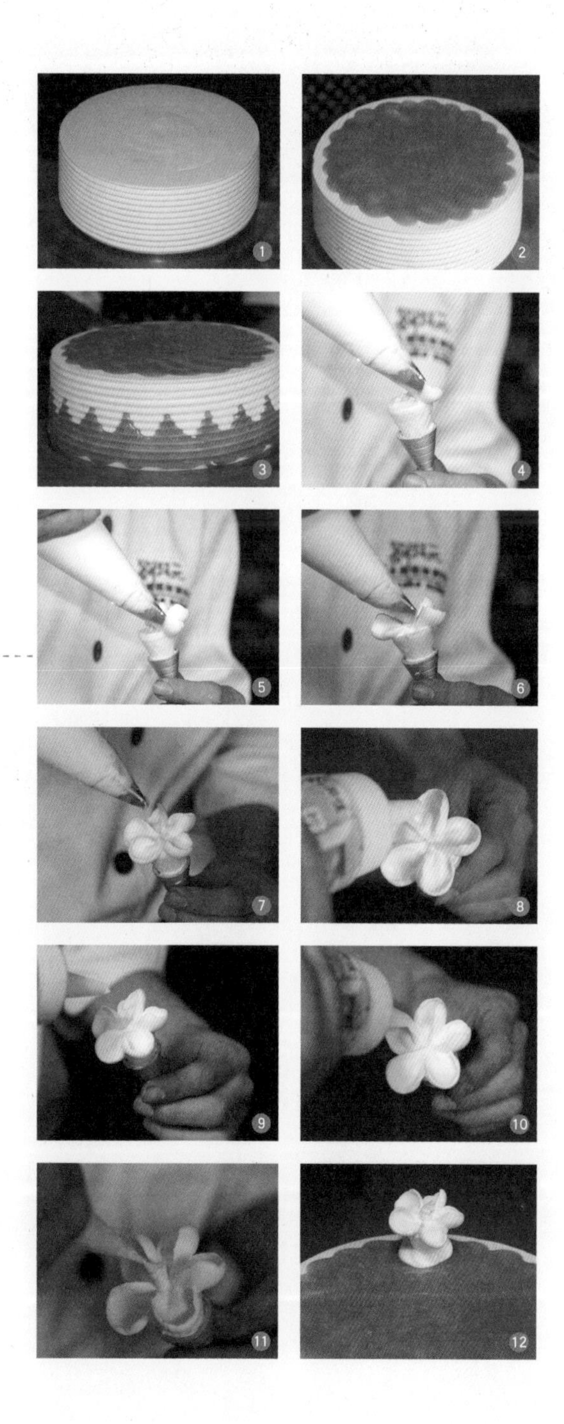

❶ 先抹好一个直面锯齿蛋糕胚。
❷ 在蛋糕表面挤上果膏衬托。
❸ 在蛋糕的边沿底部挤上果膏修饰。
❹ 准备好一个中号花托放在裱花棒上，挤上奶油，用专用直形花嘴，按如图所示的角度开始挤出第一瓣花瓣。
❺ 用一边绕一边抖的手法挤出花瓣。
❻ 继续挤出剩余的花瓣。
❼ 蔷薇花的花瓣为五瓣。
❽ 用彩喷粉将花瓣喷上颜色。
❾ 喷颜色要喷出层次感。
❿ 在花瓣的边沿喷的颜色要深一些，里面的颜色要浅一些。
⓫ 用奶油细裱袋挤出花蕊。
⓬ 用剪刀轻轻将整个花朵取出放在预先准备好的蛋糕上，用制作好的巧克力叶子衬托花朵。

含笑花蛋糕

Han Xiao Hua Dan Gao

含笑花蛋糕

HAN XIAO HUA DAN GAO

寓意着矜持、含蓄、美丽、庄重、纯洁、高洁、端庄。

绕。

制作过程

❶ 先抹好一个直面蛋糕胚。
❷ 在蛋糕的边沿底部挤上果膏修饰，再挤出花边做装饰。
❸ 准备好一个中号花托放在裱花棒上，挤上奶油，再用专用直形花嘴，按如图所示的角度开始挤出第一瓣花瓣。
❹ 由下至上往外翻挤出花瓣。
❺ 挤出的花瓣往外翻，如同花名呈开口笑状。
❻ 含笑花的花瓣为五瓣。
❼ 用彩喷粉将花瓣喷上颜色。
❽ 喷颜色要喷出层次感。
❾ 在花瓣的边沿部分喷出另外一种颜色做衬托。
❿ 将裱花托剪成细条作为花蕊使用。
⓫ 用奶油细裱袋挤出花蕊。
⓬ 用剪刀轻轻将整个花朵取出放在预先准备好的蛋糕上，用制作好的巧克力叶子衬托花朵。

康乃馨蛋糕

Kang Nai Xin Dan Gao

康乃馨蛋糕

KANG NAI XIN DAN GAO

寓意着深厚延绵的母爱、宽容、温馨的祝福。

绕、抖。

❶ 先抹好一个直面蛋糕胚，在蛋糕上挤上巧克力果膏。

❷ 用欧式刮片将果膏刮平刮均匀。

❸ 在蛋糕侧面挤出花边做装饰。

❹ 准备好一个中号花托放在裱花棒上，挤上奶油，用专用直形花嘴，按如图所示的角度挤出第一层花瓣作为花蕊。

❺ 用不规则的绕和抖相结合的手法挤出花瓣。

❻ 挤出的花瓣正如其象征之意，延绵不断。

❼ 注意花朵的圆度，不要挤成椭圆形。

❽ 表现错落的层次感。

❾ 挤好的整个花朵浑圆饱满。

❿ 用彩喷粉将花瓣喷上颜色。

⓫ 喷颜色要注意喷出层次感。

⓬ 用剪刀轻轻将整个花朵取出放在预先准备好的蛋糕上，用制作好的巧克力叶子衬托花朵。

向日葵蛋糕

Xiang Ri Kui Dan Gao

向日葵蛋糕

XIANG RI KUI DAN GAO

寓意着崇拜和仰慕、沉默的爱、忠诚。

拉。

制作过程

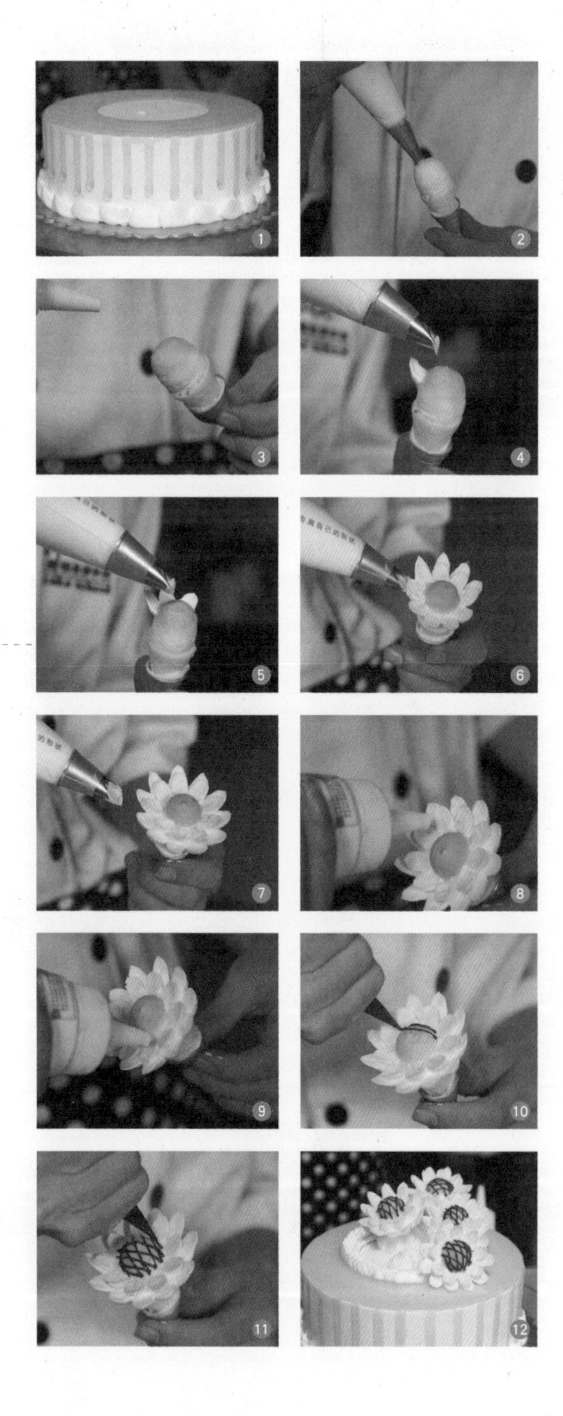

❶ 抹好一个直面蛋糕胚，在蛋糕上挤上果膏备用。
❷ 准备好一个中号花托放在裱花棒上，挤上奶油。
❸ 用彩喷粉喷上橙色。
❹ 用裱花嘴，按如图所示的角度挤出第一瓣花瓣。
❺ 用往外拉的手法挤出花瓣。
❻ 用同样的手法拉出第二层花瓣。
❼ 拉出的花瓣长短相同，注意体现花尖。
❽ 用彩喷粉将花瓣喷上橙色。
❾ 喷颜色要体现层次感。
❿ 用巧克力细裱袋绘制出向日葵的花蕾。
⓫ 在花蕾上画出平行的斜格子状。
⓬ 用剪刀轻轻将整个花朵取出放在预先准备好的蛋糕上，用制作好的巧克力叶子衬托花朵。

大丽花蛋糕

Da Li Hua Dan Gao

大丽花蛋糕

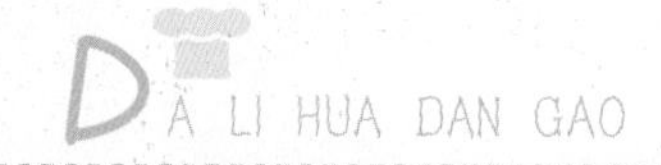

寓意着华丽、优雅、大吉大利。

拉。

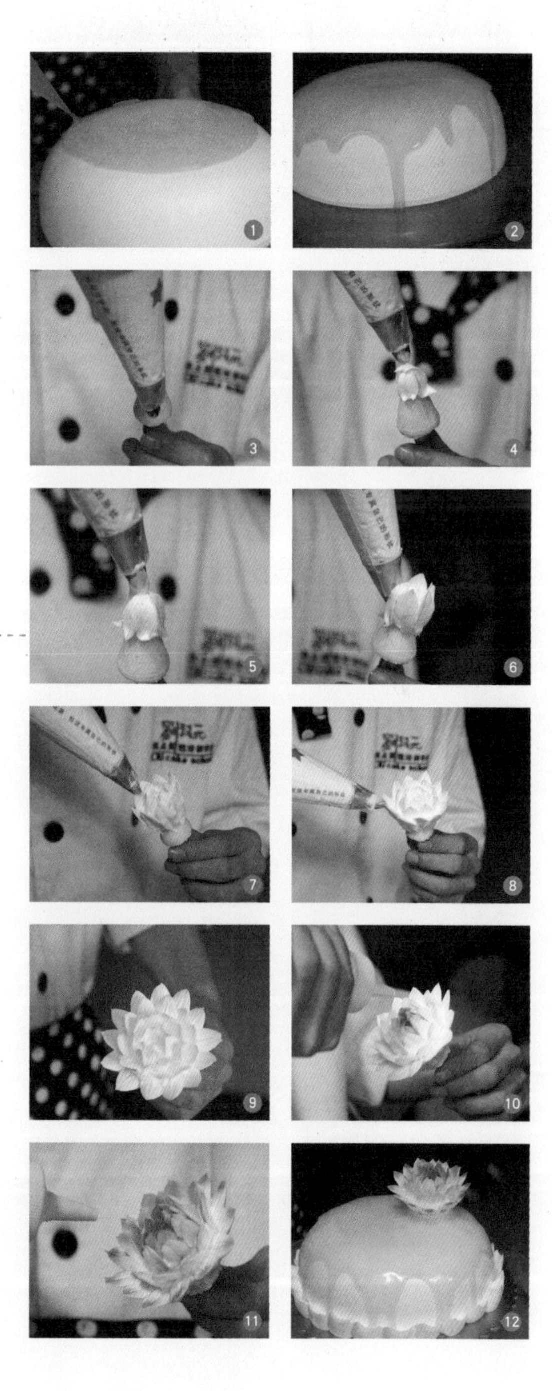

❶ 抹好一个圆面蛋糕胚，在蛋糕上挤上果膏。
❷ 将果膏轻轻带出，让它流成不规则的形态。
❸ 准备一个中号花托放在裱花棒上准备制作花朵。
❹ 用专用百合花花嘴，按如图所示的角度开始拉出花瓣的花蕊部分。
❺ 在花托顶部用由下往上的手法拉出花瓣。
❻ 包好花蕊部分后开始拉出第一层花瓣。
❼ 用同样的手法拉出第二层花瓣。
❽ 拉出的花瓣长短相同，注意体现尖峰。
❾ 需要拉出多少层可根据制作蛋糕的需要来确定。
❿ 用彩喷粉将花瓣喷上颜色。
⓫ 用什么颜色根据个人的喜好，喷颜色时注意层次感的体现。
⓬ 用剪刀轻轻将整个花朵取出并放在预先准备好的蛋糕上，用制作好的巧克力叶子衬托花朵。

火鹤花蛋糕

Huo He Hua Dan Gao

火鹤花蛋糕

HUO HE HUA DAN GAO

寓意着热情奔放。

绕、拉。

❶ 抹好一个圆面蛋糕胚，在蛋糕上挤上果膏。

❷ 用欧式刮片将果膏刮平刮光滑。

❸ 在蛋糕的底部挤出花边。

❹ 用奶油细裱袋在花边上方挤出圆点装饰备用。

❺ 准备好中号花托放在裱花棒上准备制作花朵。

❻ 用专用玫瑰花花嘴，按如图所示的角度开始旋转拉出花瓣。

❼ 转到一半时转出心形下部的角锋。

❽ 再将花嘴转入另一半的花瓣，当花瓣完全转完时即形成心型。

❾ 用彩喷粉将花瓣喷上颜色。

❿ 火鹤花需要特别浓的颜色，因为它代表热情奔放。

⓫ 用奶油细裱袋挤出花蕊。

⓬ 用巧克力细裱袋修饰花蕊，用剪刀轻轻将整个花朵取出放在预先准备好的蛋糕上，并装饰上花叶。

蝴蝶兰蛋糕

Hu Die Lan Dan Gao

蝴蝶兰蛋糕

饱含尊敬的爱意。

结合式。

❶ 抹好一个圆面蛋糕胚，在蛋糕上挤上果膏。
❷ 用欧式刮片将果膏画出花纹后，在蛋糕上挤出花边。
❸ 准备好一个大号花托放在裱花棒上，挤出两个圆球准备制作花朵。
❹ 用专用玫瑰花花嘴，按如图所示的角度开始拉出花瓣。
❺ 用对称法在另一边挤出花瓣。
❻ 在两瓣花瓣的中心用专用百合花花嘴挤出尖状花瓣。
❼ 挤好两瓣尖状花瓣。
❽ 用彩喷粉将花瓣喷上颜色。
❾ 用专用菊花花嘴挤出花蕾部分。
❿ 用彩喷粉将花蕾喷上颜色。
⓫ 用奶油细裱袋挤出花蕊。
⓬ 用剪刀轻轻将整个花朵取出放在预先准备好的蛋糕上，用制作好的巧克力叶子衬托花朵。

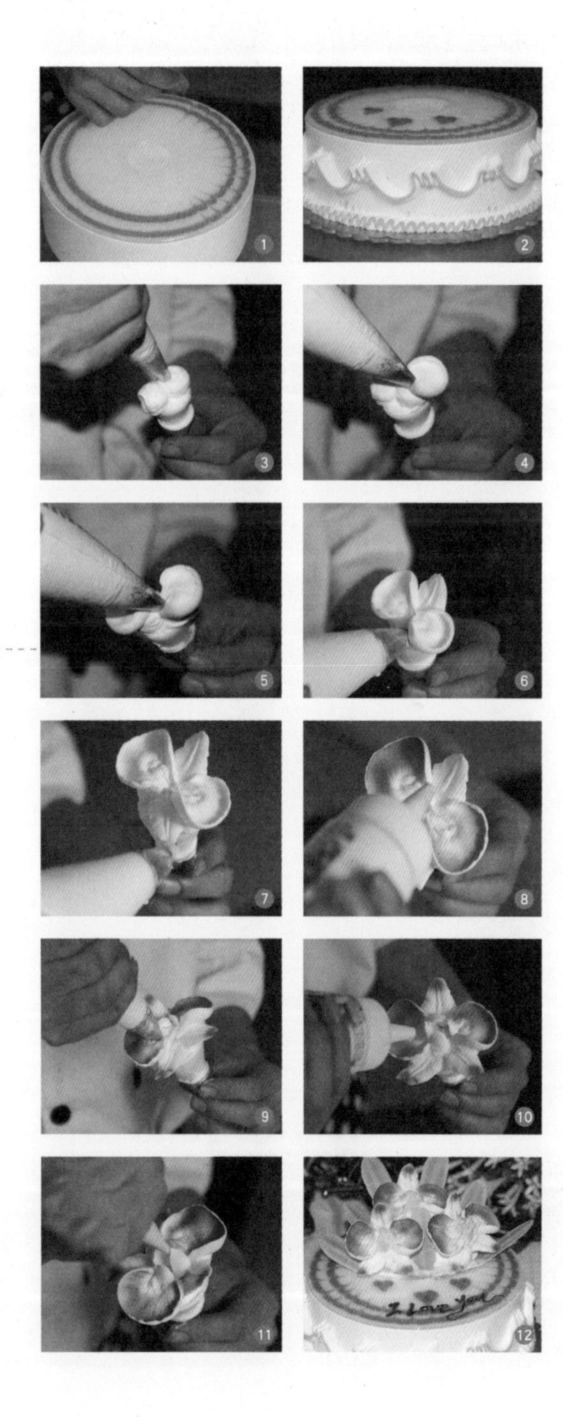

法国玫瑰蛋糕

Fa Guo Mei Gui Dan Gao

法国玫瑰蛋糕

寓意着奔放的爱。

抖、拉。

❶ 抹好一个阶梯式的蛋糕胚。

❷ 在蛋糕上挤上果膏备用。

❸ 准备好一个大号的花托放在裱花棒上准备制作花朵。

❹ 用大号专用玫瑰花花嘴，按如图所示的角度开始拉出花瓣。

❺ 以抖的方式挤出四瓣花瓣作为花蕊。

❻ 然后在四瓣花瓣的交接处开始抖动挤出花瓣。花瓣以半包式的角度挤出。

❼ 最外一层的花瓣可适度张开一些。

❽ 整个花朵要注意对称度和饱满度。

❾ 挤出最后一瓣花瓣。

❿ 将花瓣稍作修饰。

⓫ 用彩喷粉将花瓣喷上颜色，喷色时注意体现层次感。

⓬ 用剪刀轻轻将整个花朵取出放在预先准备好的蛋糕上，用制作好的巧克力叶子衬托花朵。

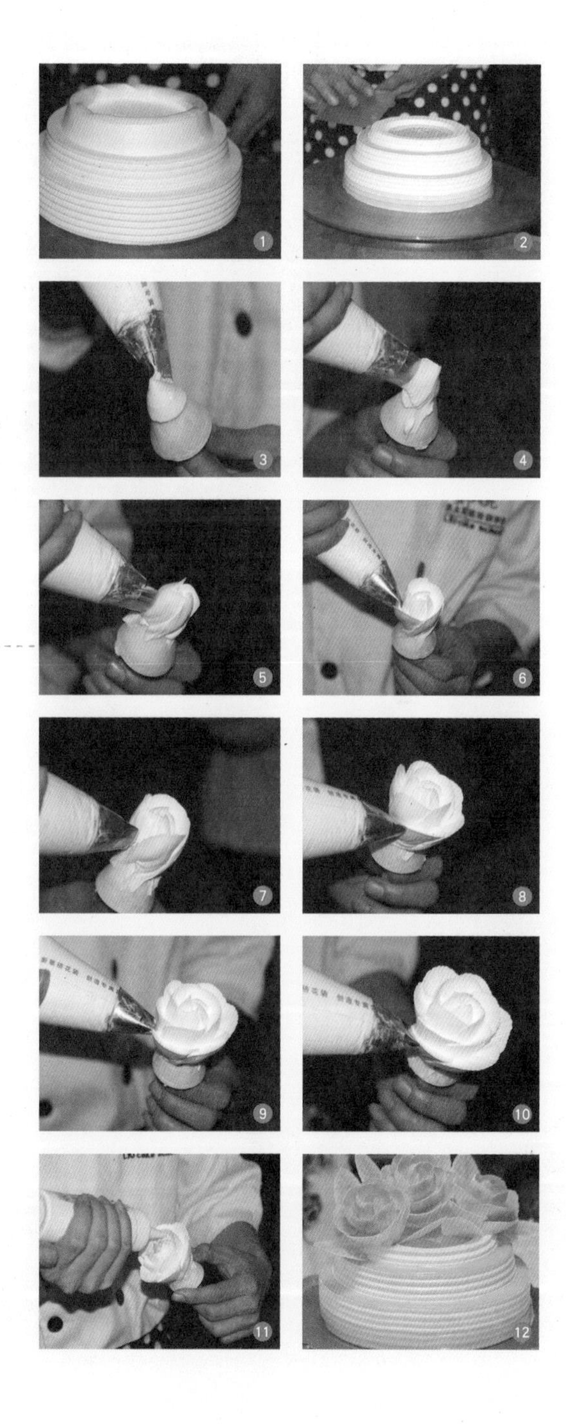

幸运花蛋糕

Xing Yun Hua Dan Gao

幸运花蛋糕

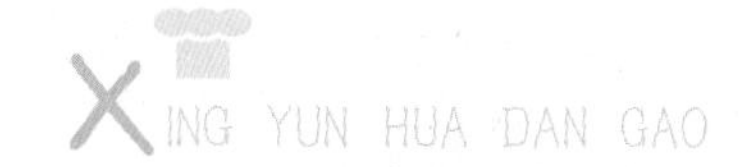

寓意着带来好运。

绕、抖、拉。

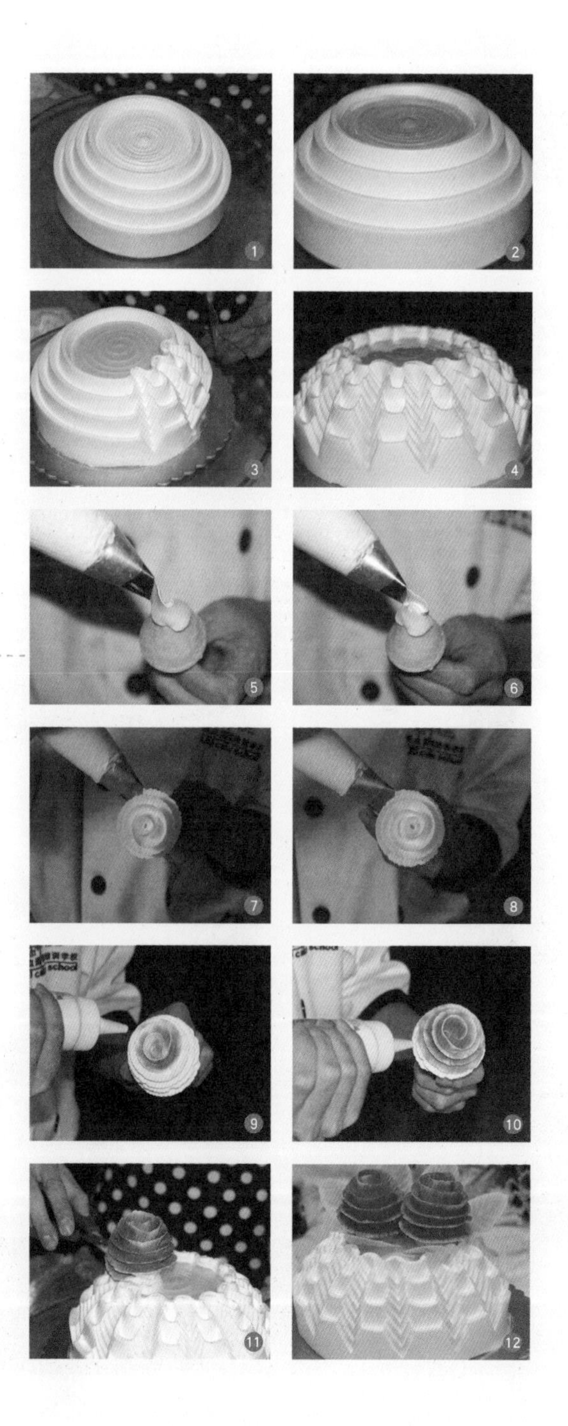

❶ 抹好一个阶梯式的蛋糕胚。

❷ 在蛋糕上挤上果膏。

❸ 用多功能小铲在蛋糕上压出纹路。

❹ 用彩喷粉将蛋糕纹路喷上颜色。

❺ 准备好一个大号花托放在裱花棒上准备制作花朵。

❻ 用大号专用玫瑰花花嘴，按如图所示的角度开始拉出花瓣。

❼ 以绕和抖的手法挤出花瓣。

❽ 一直用旋转的手法抖出花朵。

❾ 用彩喷粉将花瓣喷上颜色。

❿ 喷颜色时要注意均匀度和层次感。

⓫ 将制作好的花朵用剪刀取出放在制作好的蛋糕上。

⓬ 用同样的方式做出第二朵花放在蛋糕上，用制作好的巧克力叶子衬托花朵。

虞美人蛋糕
Yu Mei Ren Dan Gao

虞美人蛋糕

YU MEI REN DAN GAO

寓意着顺利、平安。

拉。

制作过程

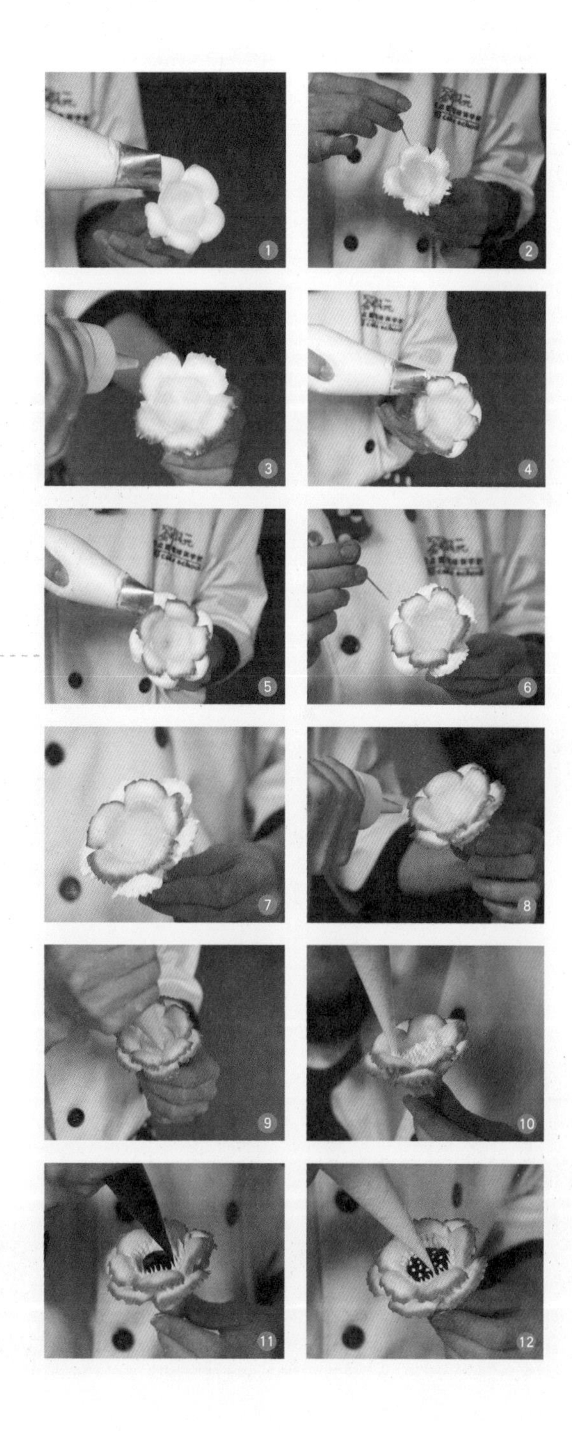

❶ 准备好一个大号花托放在裱花棒上，用大号专用玫瑰花花嘴按如图所示的角度开始拉出花瓣。
❷ 用牙签尖部轻轻带出花瓣边沿处的造型。
❸ 用彩喷粉将花瓣的边沿喷上颜色。
❹ 用专用大号玫瑰花花嘴挤出第二层花瓣。
❺ 按如图所示的角度拉出所有花瓣。
❻ 用牙签尖部轻轻带出该层花瓣边沿处的造型。
❼ 注意第二层花瓣跟第一层花瓣的位置是对应交叉的。
❽ 用彩喷粉将第二层花瓣的边沿喷上颜色。
❾ 在花朵中心部分挤上黄色奶油。
❿ 在中心处周围挤出花蕊。
⓫ 在中心处挤上巧克力果膏点缀。
⓬ 最后在巧克力果膏上再挤上黄色奶油点缀即可。

不老菊蛋糕
Bu Lao Ju Dan Gao

不老菊蛋糕

寓意着坚韧、执着。

拉。

制作过程

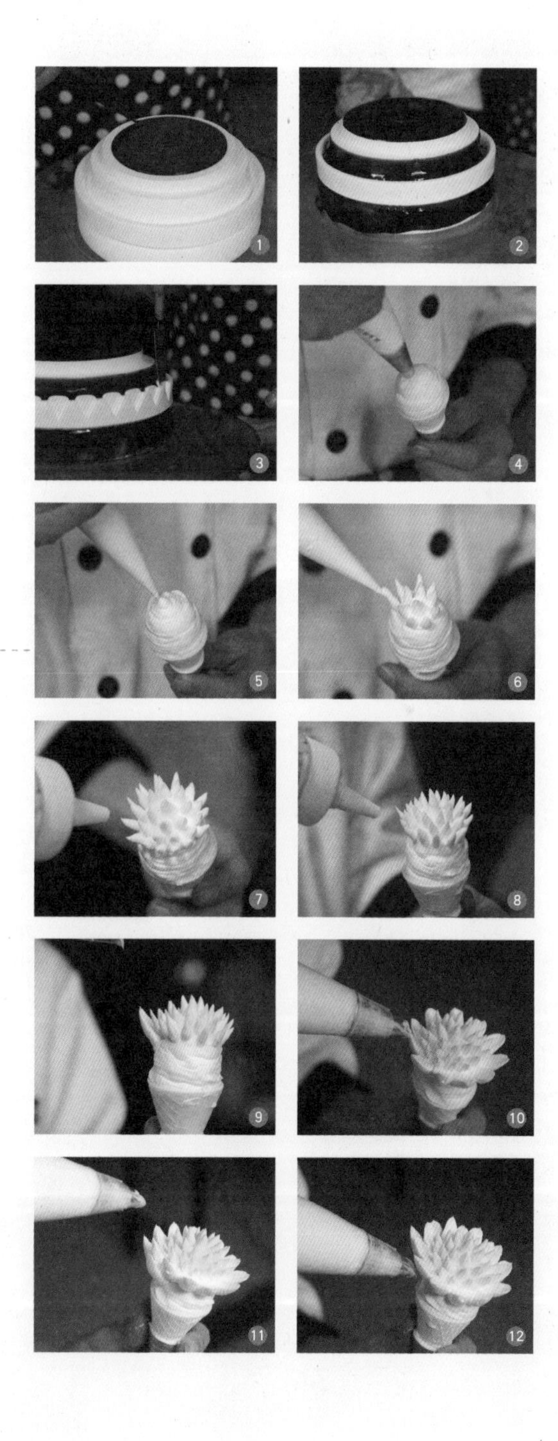

❶ 抹好一个阶梯式的蛋糕胚。
❷ 在蛋糕上挤上巧克力果膏。
❸ 在蛋糕侧面用多功能小铲压出纹路。
❹ 准备好一个大号花托放在裱花棒上，挤上鲜奶油。
❺ 拉出花蕊部分。
❻ 挤花蕊时要注意均匀度和细腻程度。
❼ 用彩喷粉将花蕊喷上颜色。
❽ 喷颜色要注意深浅，体现层次感。
❾ 用专用菊花花嘴，按如图所示的角度拉出花瓣。
❿ 拉出一层的花瓣。
⓫ 然后在外围以同样的方式开始拉出第二层花瓣。
⓬ 为花瓣喷上颜色，将制作好的花朵用剪刀取出放在制作好的蛋糕上。

跳舞兰蛋糕

Tiao Wu Lan Dan Gao

跳舞兰蛋糕

TIAO WU LAN DAN GAO

寓意着活泼、快乐。

抖、拉。

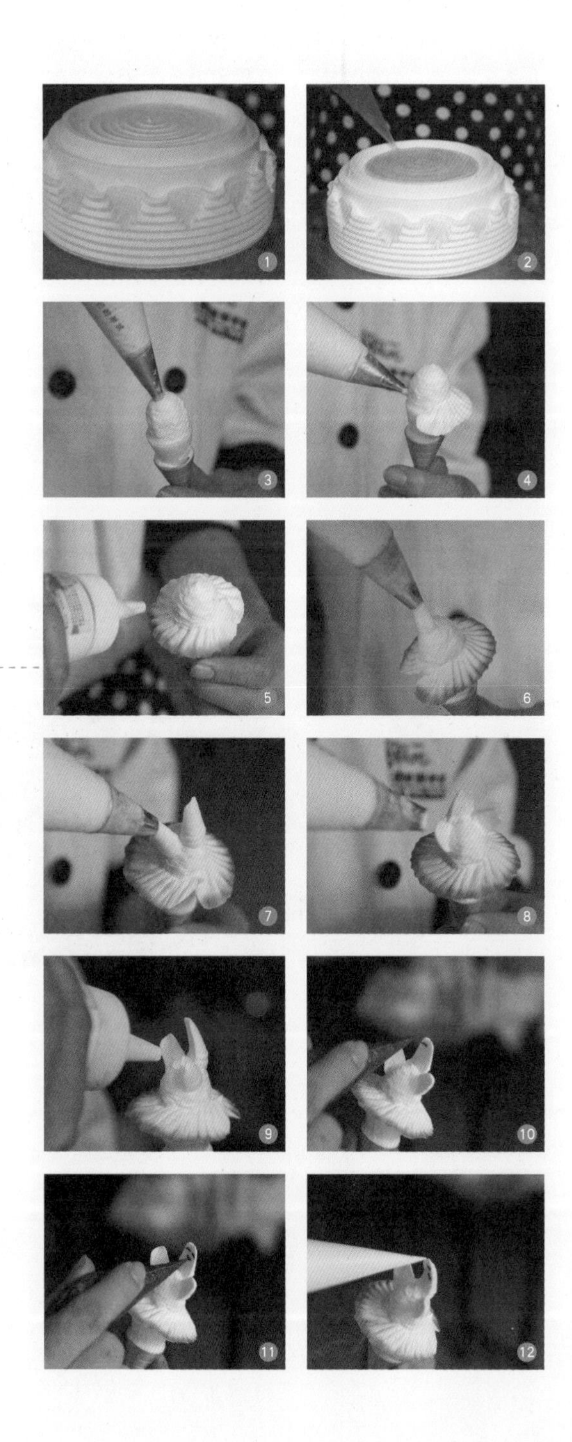

❶ 抹好一个阶梯式的蛋糕胚。

❷ 在蛋糕上挤上果膏备用。

❸ 准备好一个大号花托放在裱花棒上，挤上奶油准备制作花朵。

❹ 用大号专用玫瑰花花嘴，按如图所示的角度开始抖出花瓣。

❺ 用彩喷粉将花瓣喷上颜色。

❻ 以拉的方式拉出顶部的花瓣。

❼ 以拉的方式拉出左边的花瓣。

❽ 以拉的方式拉出右边的花瓣。

❾ 用彩喷粉将花瓣喷上颜色。

❿ 用巧克力果膏修饰花朵。

⓫ 修饰出笑脸的形象。

⓬ 最后在居中的花瓣上挤出发丝状，将制作好的花朵装饰在蛋糕上。

卡特兰蛋糕

Ka Te Lan Dan Gao

卡特兰蛋糕

寓意着贞洁、美丽永驻。

抖、拉。

❶ 抹好一个阶梯式的蛋糕胚。
❷ 在蛋糕顶部挤上巧克力果膏。
❸ 在蛋糕侧面用多功能小铲压出造型。
❹ 准备好一个大号的花托放在裱花棒上准备制作花朵。
❺ 用大号专用玫瑰花花嘴，按如图所示的角度开始抖出花瓣。
❻ 用彩喷粉将花瓣喷上颜色。
❼ 将花朵放在蛋糕上再开始下一个步骤。
❽ 在剪好的花托片上挤出花瓣。
❾ 用彩喷粉将花瓣喷上颜色。
❿ 将花瓣按如图所示的角度放在主花朵的旁边，以同样的方法制作出另外一瓣花瓣。
⓫ 用百合花花嘴拉出主花朵周围的花瓣。
⓬ 挤出花蕊，用制作好的巧克力叶子衬托花朵。

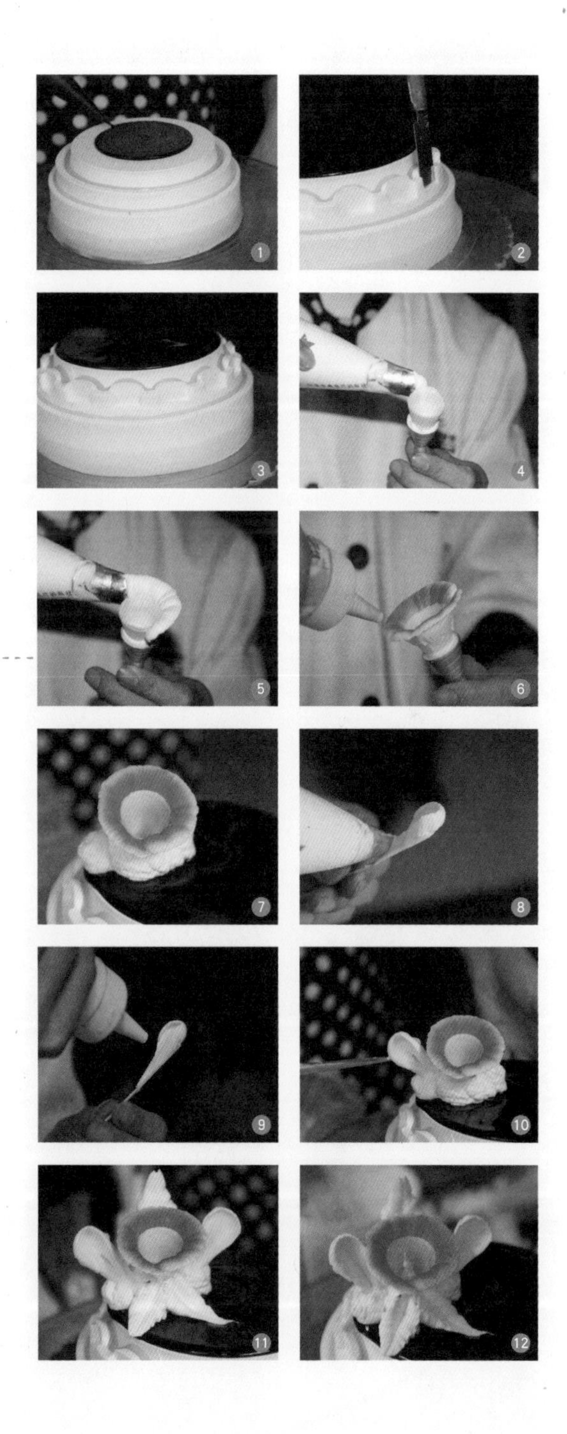

马蹄莲蛋糕

Ma Ti Lian Dan Gao

马蹄莲蛋糕

寓意着吉祥如意。

抖、拉。

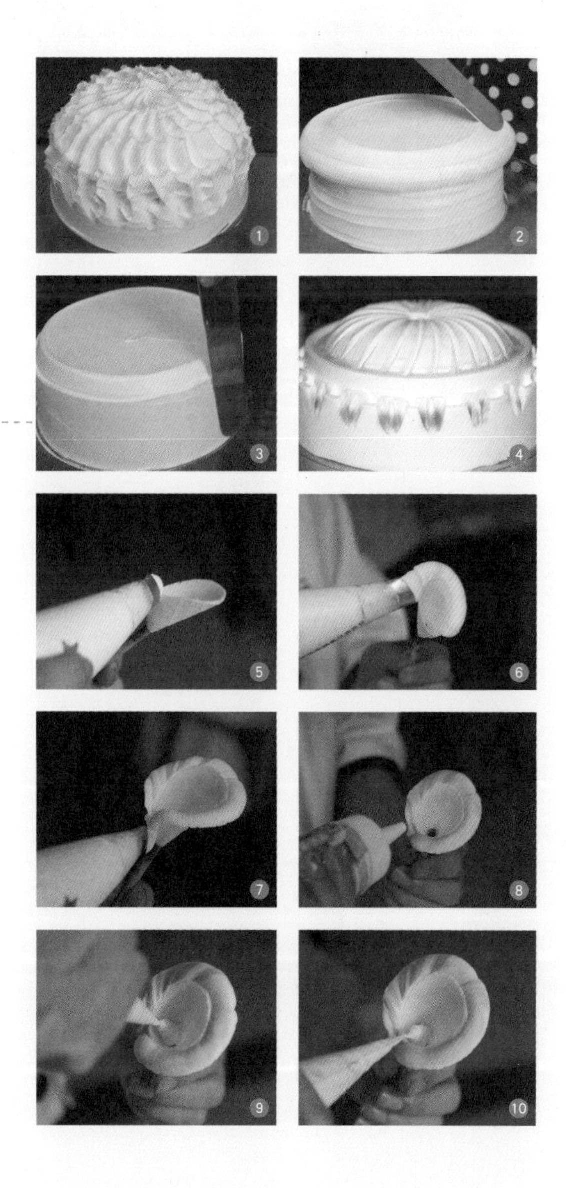

1. 将打发好的鲜奶油如图所示抹至蛋糕上。
2. 把抹刀把顶部奶油抹平。
3. 抹侧面时注意抹刀角度要垂直。
4. 制作好的蛋糕胚备用。
5. 准备好一个大号花托剪好形状准备制作花朵。
6. 用大号专用玫瑰花花嘴，按如图所示的角度开始拉出花瓣。
7. 以抖的方式挤出花瓣。
8. 用彩喷粉将花瓣喷上颜色。
9. 用黄色鲜奶油挤出花蕊。
10. 挤花蕊时要注意力度和花蕊的角度，用相同的方法制作好其他花朵装饰到蛋糕上。

part 4

十二生肖蛋糕制作

在蛋糕胚的基础上，使用各种工具和方法制作生肖动物的形态、表情、动作等，使得其形象生动逼真，不但可以增添蛋糕的色彩和美观，还可直观地表达祝贺生辰之意。

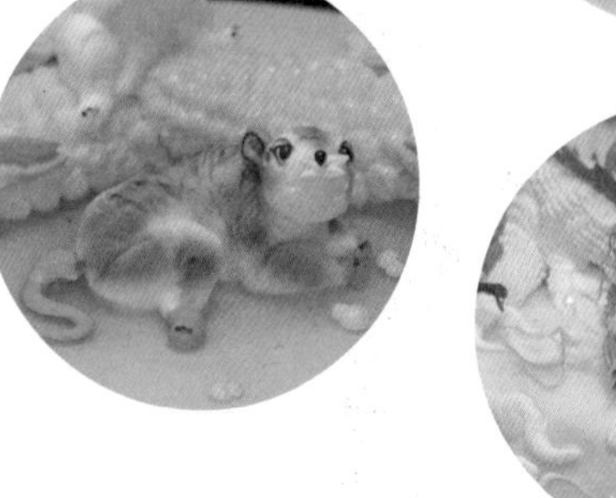

认识十二生肖

十二生肖，是由鼠、牛、虎、兔、蛇、马、羊、猴、鸡、狗、猪11种源于自然界的动物以及传说中的龙所组成。十二生肖主要用于纪年，顺序排列为子鼠、丑牛、寅虎、卯兔、辰龙、巳蛇、午马、未羊、申猴、酉鸡、戌狗、亥猪。

我国传统文化中对于12种动物的选择并不复杂，这些动物均是与我国人民（主要是汉族人民）的日常生活和社会生活相接近的。这12种生肖动物，大致可以分为三类：第一类是已被人类驯化的家畜，即牛、羊、马、猪、狗、鸡，它们占12个生肖动物的一半，可见家畜在汉族人民日常生活中的重要地位和作用。而且这六畜在中国的农业文化中是一个重

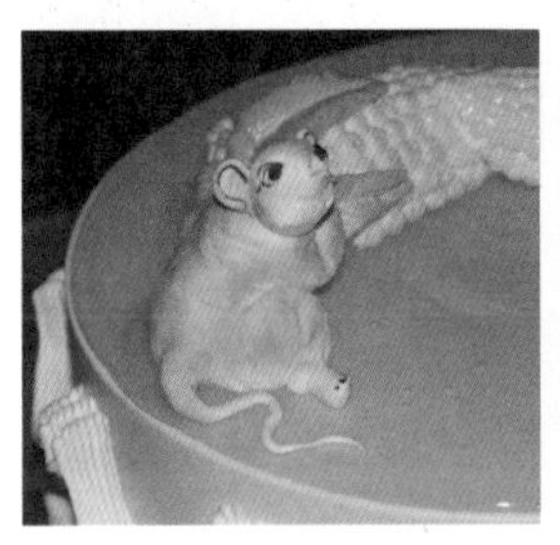

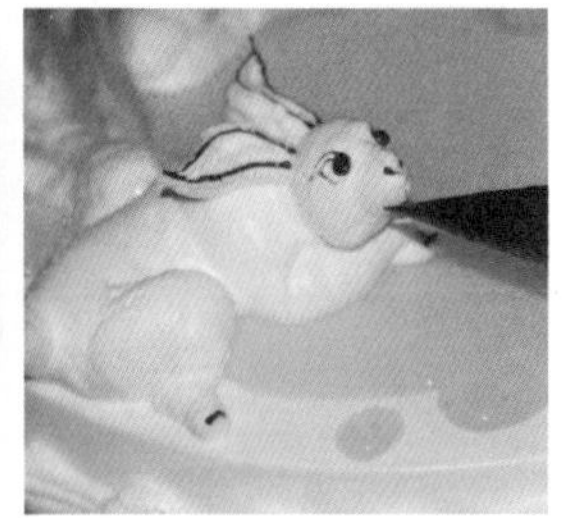

要的概念，有着悠久的历史，在中国人的传统观念中“六畜兴旺”代表着家族人丁兴旺、吉祥美好，六畜成为生肖是有其必然性的。第二类是人们较为熟知的野生动物，即虎、兔、猴、鼠、蛇，这些也是与人们的日常生活及社会生活有着密切关系的动物。这5种动物中，有人们敬畏甚至惧怕的虎和蛇，也有人们喜爱的兔和猴，还有人们厌恶、忌讳的鼠，尽管人们对这些动物的感情有很大的差别，但是它们被选作成为十二生肖，均是因为它们与人类生活距离的接近。第三类是中国人传统的象征性吉祥物——龙。龙是中华民族的象征，是集许多动物的特性于一体的“虚拟物种”，是存在于人们想象中的“灵物”。龙也是一种概念性的物种，它代表了富贵吉祥，是十二生肖中最具象征色彩的吉祥动物。

民间传说中的生肖排列起源

用十二生肖记年的方法出现后，关于生肖的排列顺序也有了许多种说法，在我国，流传最多的主要是民间传说中关于生肖排列的故事。这个故事的内容大致是：当年轩辕黄帝要选12种动物担任宫廷卫士，猫托老鼠报名，老鼠给忘了，结果猫没被选上，从此与鼠结下冤家；大象也来参赛，被老鼠钻进鼻子，给赶跑了；其余的动物，原本推牛为首，老鼠却窜到牛背上，猪也跟着起哄，于是老鼠排第一，猪排最后；虎和龙不服，于是被封为山中之王和海中之王，排在鼠和牛的后面；兔子也不服，和龙赛跑，结果排在了龙的前面；狗又不平，一气之下咬了兔子，为此被罚排在倒数第二；蛇、马、

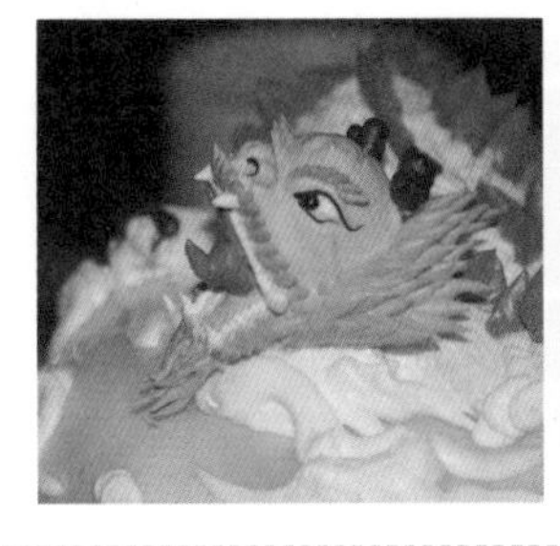

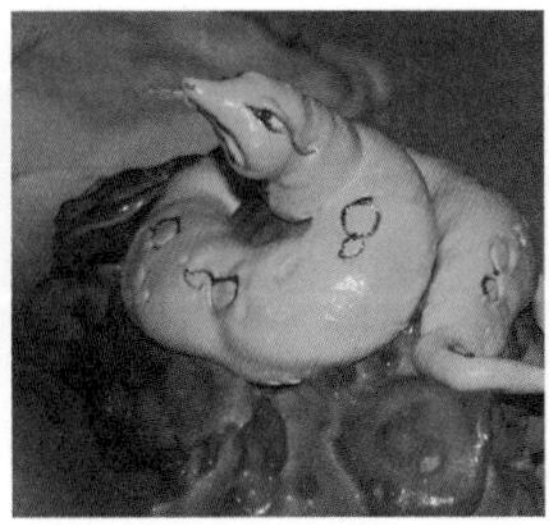

羊、猴、鸡也经过一番较量，一一排定了位置，最后形成了鼠、牛、虎、兔、龙、蛇、马、羊、猴、鸡、狗、猪的顺序。传说故事将所有动物的特性都描绘得栩栩如生，充满想象力，虽不是对排列起源的科学解释，但还是为人们所广为流传。以此，也可以看出人们希望对十二生肖的选择以及排列顺序做出解释的愿望。

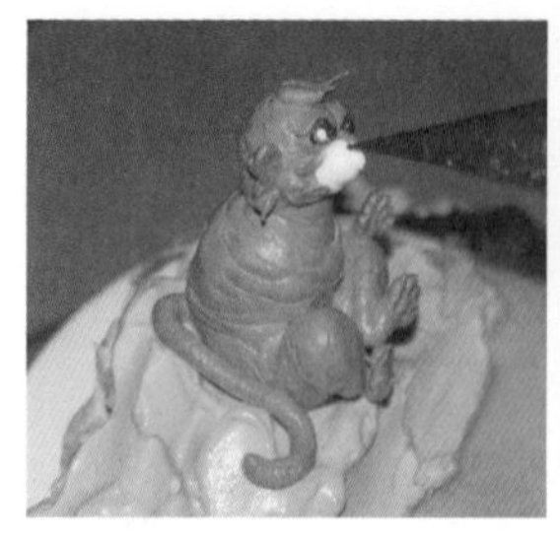

十二生肖的特性

鼠：机敏、有灵性、社交能力强、生命力旺盛。

牛：正直、勤勉、沉稳、固执、真诚、耐心、友善。

虎：热诚、勇敢、强悍、权威感强、特立独行。

兔：机智、谨慎、善良、温和、可爱。

龙：勇猛、自信、独特、有胆量。

蛇：睿智、机敏、谨慎、有同情心。

马：灵敏、喜好自由、活泼开朗、乐观、受欢迎。

羊：温柔、细心、害羞、纯洁、善良。

猴：机智、聪慧、忠心、自信、积极。

鸡：保守、热心、漂亮、幽默、高傲。

狗：忠心、圆滑、聪颖、有责任心、谨慎。

猪：逸乐、勇敢、真挚、诚实。

制作仿真生肖的技巧

❶在制作蛋糕之前需要充分了解所要制作动物的特征及多种动态变化。例如：狗是犬科动物，体长、尾长，毛呈褐色或黑色、白色。身体约为5个头长，耳朵大而尖，嘴长。

❷在设计制作生肖蛋糕前可以手绘几个动态生肖图作为参考。

❸制作时先从动物的身体开始，一般是从臀部向胸部、颈部的方向制作出身体。

❹接下来制作头部及四肢。制作头部时花嘴要插入脖颈处且以35°～45°角方向挤出头部（角度非常重要）；然后插入臀部两侧挤出后腿，在胸部两侧插入挤出前腿。

❺做完大致的形状后，就要开始进行细节的处理，包括关节的体现、面部表情、肢体的动作等。

除了以上的5个步骤外，我们还要注重得当的整体连接。例如面部表情要配合身体的肢体语言。眼眶的点缀，要先画出眼眶，再把眼珠点在眼眶的一边，才会有转动眼珠的感觉，令动物的神态更生动。有一个方法可以制作出丰富的面部表情，即眼眶要凸出，眼珠要凹进去且向一边靠，眼线要细。

鼠 SHU

重点

3只鼠的不同姿态和表情。

难度系数

☆☆

制作过程

❶ 先用小号圆花嘴挤出鼠的身体部分。

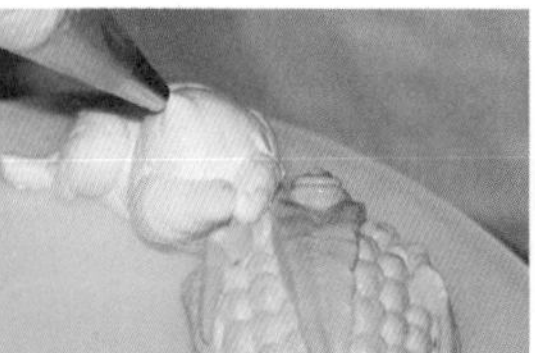

❷ 挤出鼠的腿部，注意要将花嘴插入后再慢慢往外挤出。

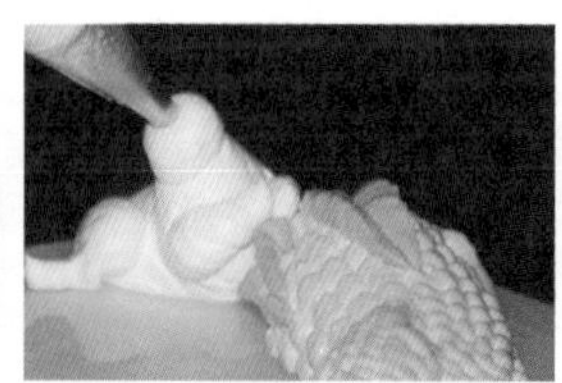

❸ 用花嘴挤出鼠的头部的圆球。

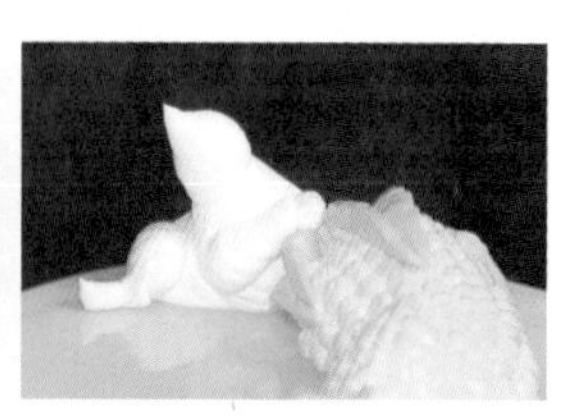

❹ 在圆球的中心位置挤出水滴形的头部。

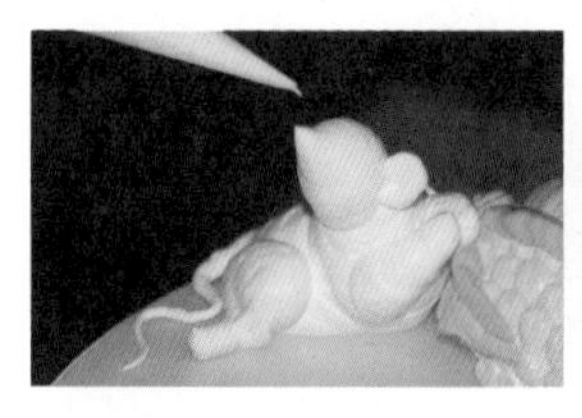

❺ 用鲜奶油细裱袋挤出鼠的尾巴和耳朵。

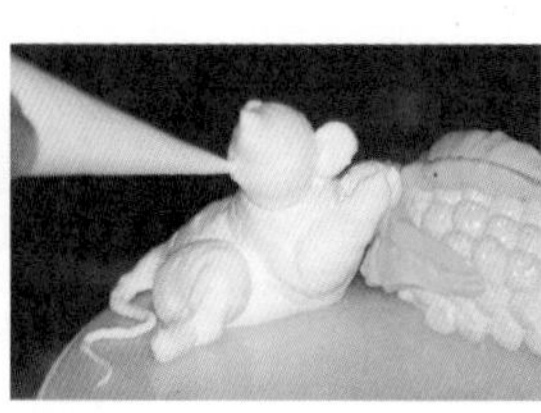

❻ 再用细裱袋修饰鼠的腮部。

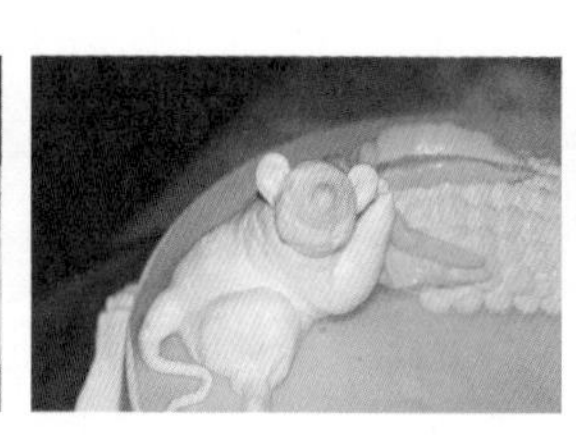

❼ 用鲜奶油细裱袋修饰鼠的眼眶轮廓。

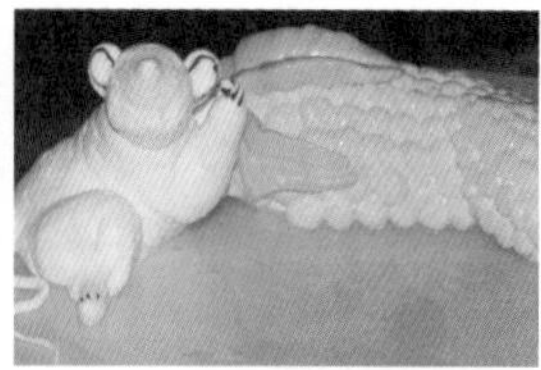

❽ 用巧克力细裱袋点缀出鼠的耳朵、爪子。

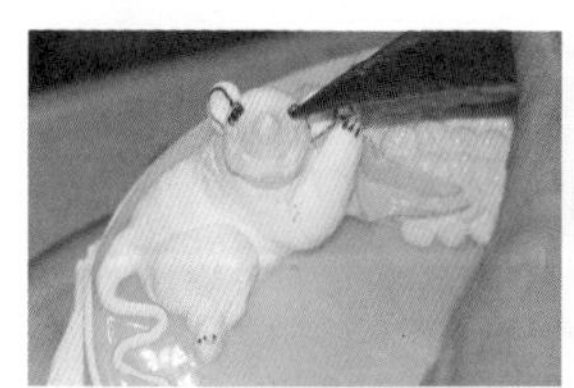

❾ 用巧克力细裱袋制作出眼睛。

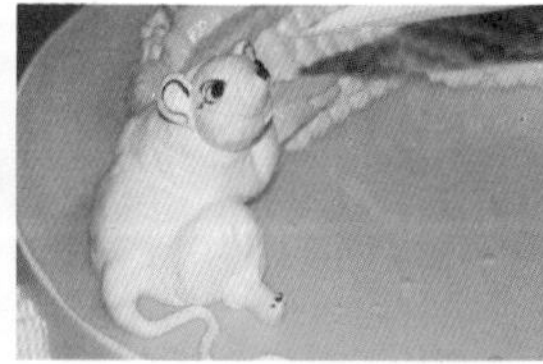

❿ 用巧克力细裱袋点缀出鼻头。

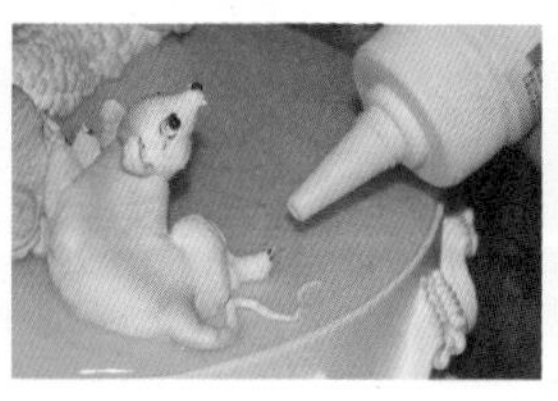

⓫ 用彩喷粉给鼠喷上颜色。

⓬ 整个蛋糕做出3只不同动态的鼠。

牛
Niu

牛

NIU

牛的五官及动态。

☆☆☆☆

制作过程

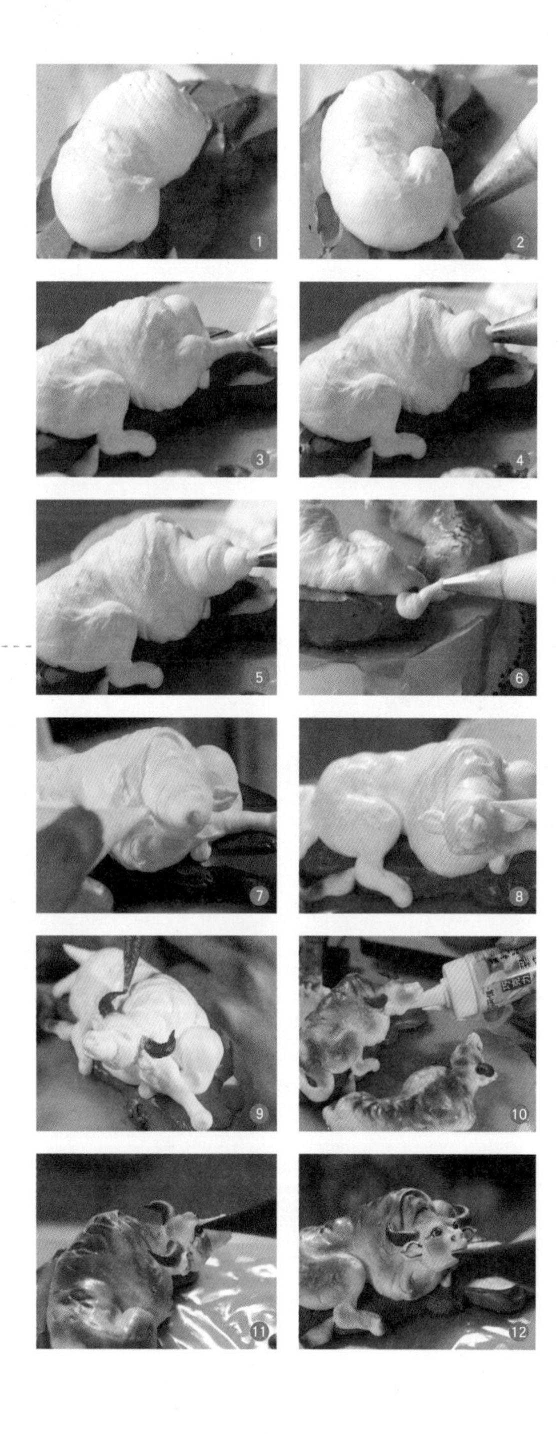

❶ 用小号圆花嘴制作出牛的身体。
❷ 在身体的后部挤出牛的后腿。
❸ 再挤出牛的前腿，注意大腿和小腿部分的关节体现。
❹ 用花嘴在身体前方正中心部位拉出颈部。
❺ 将花嘴插入颈部的前端挤出头部。
❻ 挤出牛的尾巴。
❼ 用鲜奶油细裱袋挤出牛的耳朵。
❽ 用白色奶油细裱袋挑出眼眶，挤出鼻头并压出嘴角。
❾ 在头部上方位置用调好的咖啡色奶油细裱袋挤出牛角。
❿ 用彩喷粉淡淡地在牛身体的两侧及关节处喷上颜色，要注意表现明暗关系。
⓫ 用巧克力细裱袋修饰出牛的眼睛。
⓬ 再修饰牛的耳朵、嘴巴等。

虎
Hu

虎

HU

虎纹。

☆☆☆☆☆

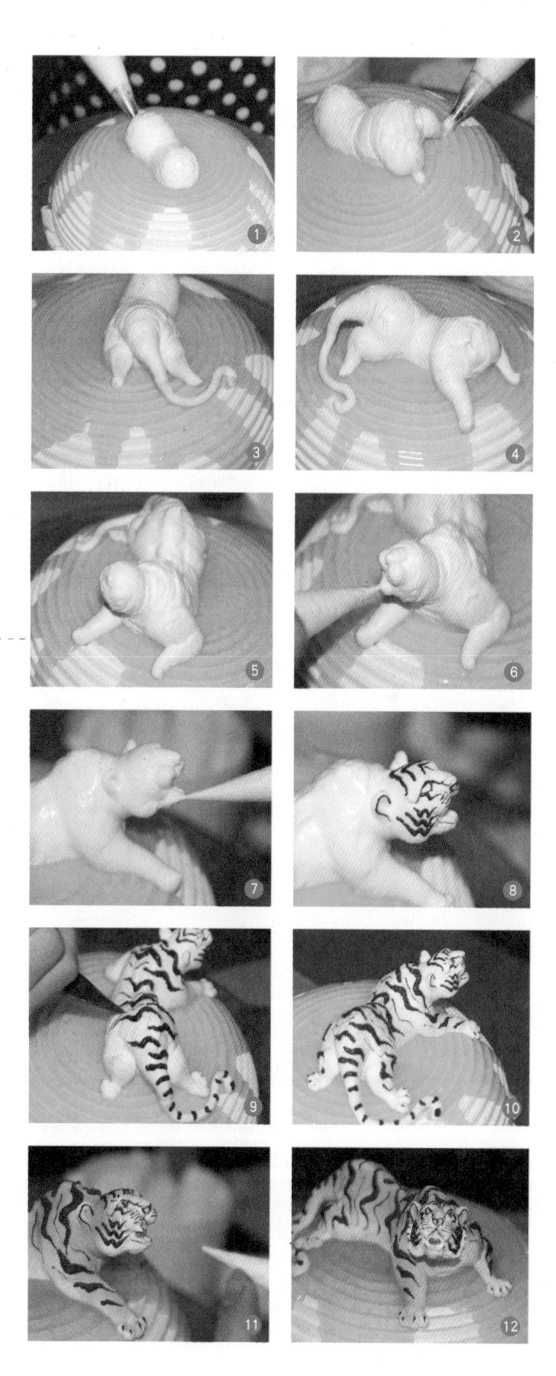

❶ 用圆花嘴挤出虎的身体，约为4个球长。

❷ 然后挤出虎的臀部和后腿。

❸ 再挤出虎的尾巴，注意尾巴的动态。

❹ 挤出虎的前腿，姿势可以自己设定。

❺ 从前端挤出作为头部的圆球。

❻ 用鲜奶油细裱袋挤出虎的五官，嘴巴要小，眼睛大而圆，鼻子从脑袋的中心点拉出。

❼ 用细裱袋在头部和颈部相交处挤出腮部，再在后脑上方向两边挤出耳朵。

❽ 用巧克力果膏细裱袋挤出脸部的纹路，要有粗细变化。

❾ 再将身体和四肢的纹路绘制出来，注意粗细变化。

❿ 用橙色喷粉表现整体明暗关系的不同。

⓫ 用红色透明果膏细裱袋修饰虎的鼻子。

⓬ 最后修饰出虎的胡子、舌头等。

Tu

兔

TU

动态变化、头部。

☆☆☆

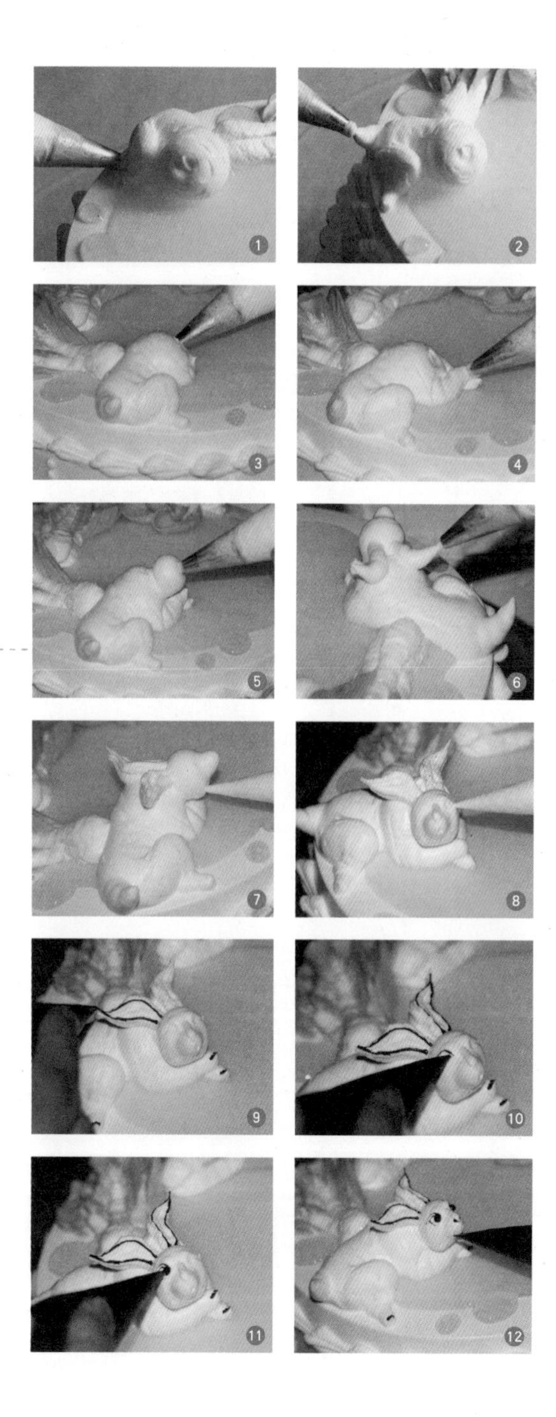

❶ 用专用动物花嘴制作出兔的身体、后腿。
❷ 再挤出兔的尾巴。
❸ 修饰后腿部关节部分。
❹ 再挤出兔的前腿。
❺ 将花嘴插入身体前端拉出头部，注意脑袋偏上，嘴巴偏短。
❻ 挤出耳朵的轮廓，注意耳口不要向上。
❼ 用鲜奶油细裱袋挤出兔的腮部。
❽ 用鲜奶油细裱袋修饰出兔的三瓣嘴，再挑出眼眶的轮廓。
❾ 用黑色巧克力果膏细裱袋修饰出兔的耳朵。
❿ 用巧克力果膏细裱袋修饰头部，表现明暗关系。
⓫ 用巧克力果膏细裱袋修饰兔的眼睛。
⓬ 最后修饰兔的嘴巴部分。

龙
Long

龙

LONG

龙身与龙头比例。

☆☆☆☆☆

❶ 用圆花嘴挤出龙的头部和下巴。
❷ 挤出张开的嘴，再用白色奶油修饰出龙的牙齿。
❸ 继续修饰出龙鼻子部分的造型。
❹ 用细裱袋挑出龙的眼眶部分。
❺ 用黑色巧克力果膏细裱袋修饰出龙的眼睛。
❻ 用圆花嘴挤出龙的身体，中间可空一段体现起伏的龙身。再用圆锯齿花嘴在龙身上抖出龙的鳞甲。
❼ 在嘴部四周挤出绿色的龙须。
❽ 用巧克力色奶油细裱袋挤出龙角。
❾ 用红色奶油三角花嘴沿着龙的脊背倾斜拉出龙脊。
❿ 注意均匀度和尖峰状的表现。
⓫ 用巧克力色奶油细裱袋挤出龙的爪子。
⓬ 最后用红色的鲜奶油挤出龙的舌头。

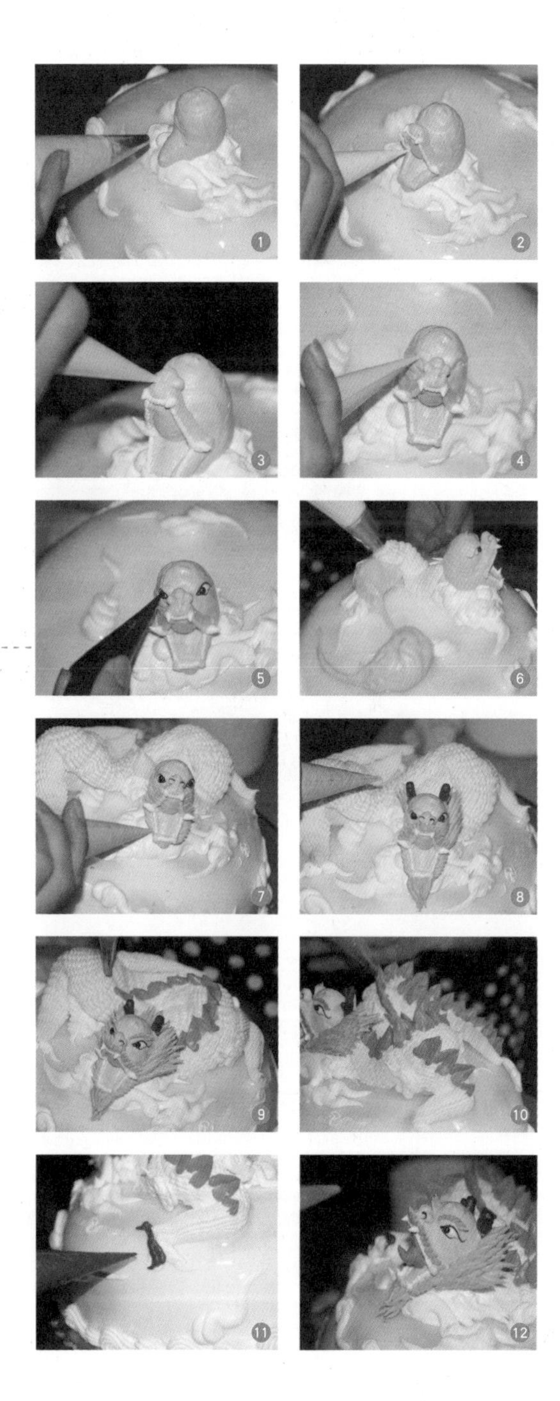

蛇

She

蛇

SHE

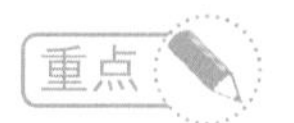

蛇的动态。

☆☆☆

❶ 用圆花嘴制作出蛇身体的前半部分。
❷ 绕圈向上提，再向前做出三角形头部。
❸ 将花嘴插入身体后半截开头处，带出“S”形的尾部。
❹ 用鲜奶油细裱袋拉出蛇的嘴缝。
❺ 用鲜奶油细裱袋挑出蛇的眼眶。
❻ 用黑色巧克力果膏细裱袋修饰出眼眶。
❼ 再挤出嘴巴。
❽ 再用鲜奶油细裱袋修饰出蛇的眼睛。
❾ 用巧克力果膏修饰出蛇身体上的纹路。
❿ 绘制出大圈和小圈交错的图形。
⓫ 用红色奶油在嘴巴前端拉出舌头。
⓬ 蛇的整体制作步骤完成。

马
Ma

马 MA

马的卧姿。

☆☆☆

制作过程

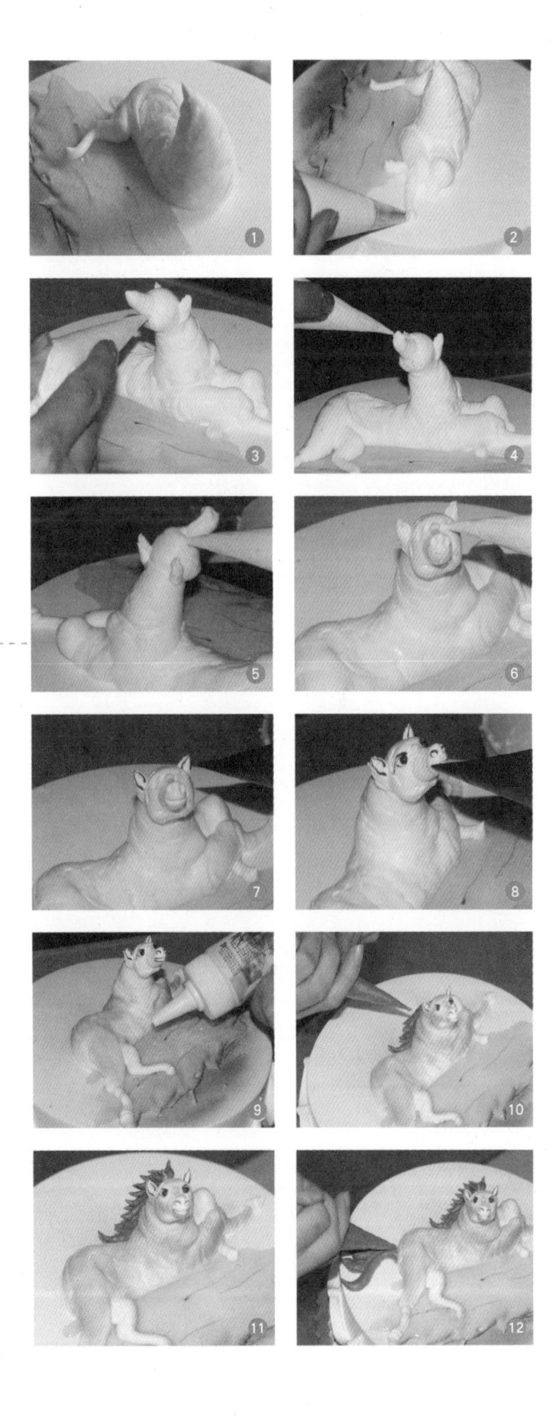

❶ 用圆花嘴挤出马的身体。
❷ 将花嘴插入身体由内往外的手法制作出马的四肢。
❸ 用细裱袋在身体上部挤出一个圆球后，再从圆球造型拉出马的头部。
❹ 用鲜奶油细裱袋挤出马的腮部和鼻子。
❺ 再挤出马的眼眶。
❻ 注意两边眼眶的对称度。
❼ 用黑色巧克力果膏修饰马的耳朵。
❽ 再继续修饰马的眼睛、鼻子和嘴巴。
❾ 用橙色加柠檬色的彩喷粉喷出身体的颜色。
❿ 用咖啡色奶油挤出马鬃。
⓫ 马鬃的整体造型用“S”形来体现。
⓬ 用咖啡色奶油挤出马的尾巴。

羊
Yang

羊 YANG

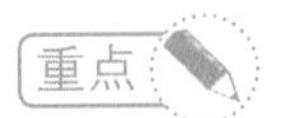

两只羊身体的不同姿态。

难度系数 

☆☆☆

制作过程

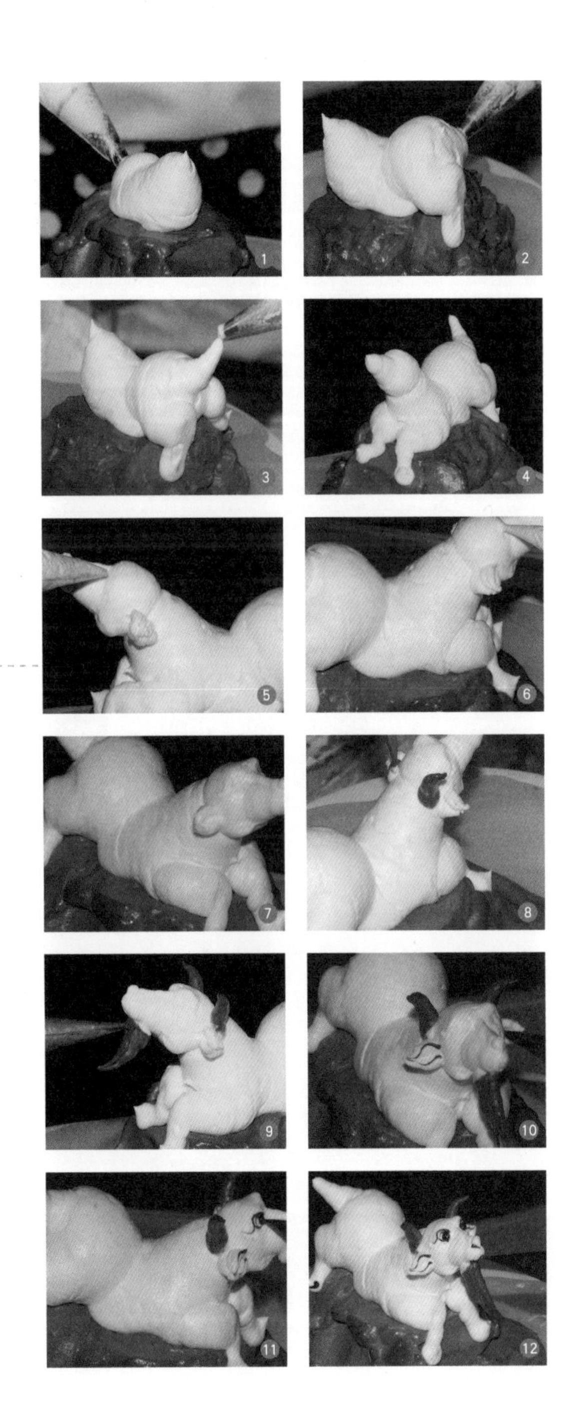

❶ 用专用动物花嘴挤出羊的身体。
❷ 再挤出羊的后腿（羊的身体形状和马的相似，但大小较马小些，腿也短细些）。
❸ 挤出羊的尾巴，尾巴短小。
❹ 制作羊的头部，先用细裱袋挤出圆球，然后往前拉出尖来，不要太长。
❺ 再挑出羊的眼眶。
❻ 两边的眼眶要对称。
❼ 挤出羊的鼻子。
❽ 用咖啡色奶油细裱袋挤出羊角。
❾ 再挤出羊的胡须。
❿ 用黑色巧克力果膏细裱袋修饰羊的耳朵。
⓫ 继续修饰羊的眼睛和鼻子。
⓬ 最后修饰羊的嘴巴。

遥望
猴
Hou

猴

HOU

身体的动态。

☆☆☆

制作过程

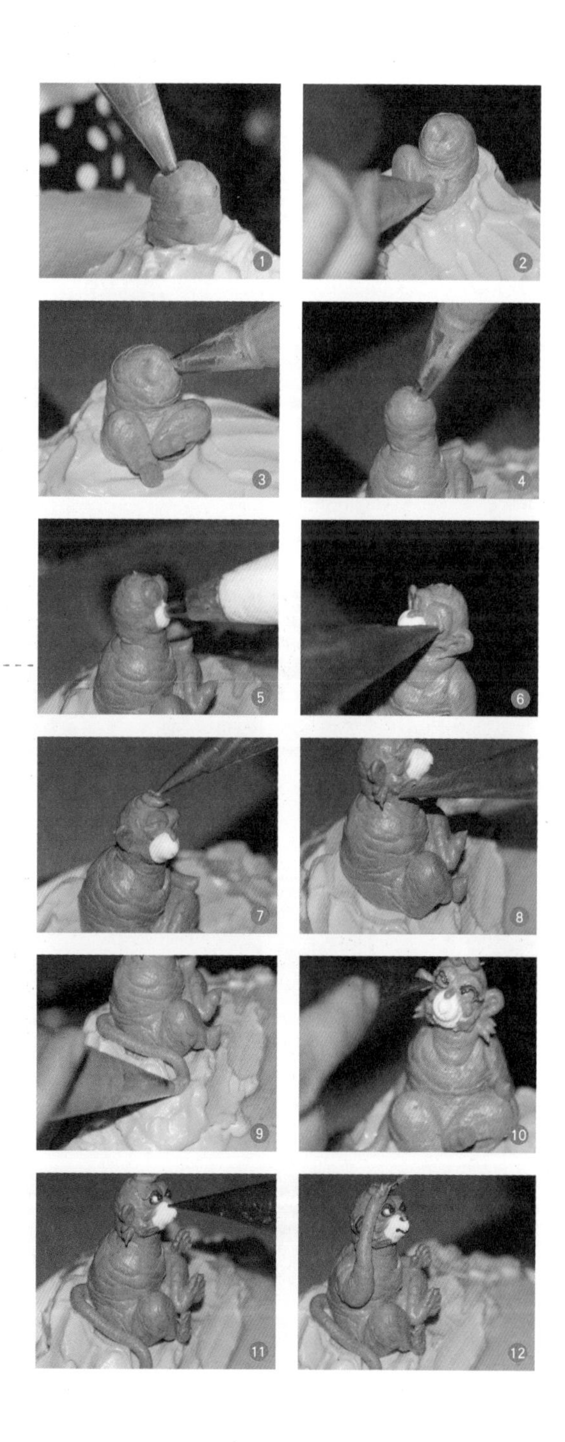

❶ 用圆花嘴挤出猴子的上半身。

❷ 将圆花嘴插入身体里再挤出长于上半身的腿部。

❸ 将圆花嘴插入身体里挤出长于上半身的手臂。

❹ 在身体正上方挤出一个圆球，然后把花嘴贴于圆球的中间位置，放平往上挤出猴的眼眶，往下收时需要挤奶油。

❺ 再用鲜奶油挤出圆球形的嘴巴。

❻ 用巧克力果膏细裱袋在眼眶的中心位置绘制弧线。

❼ 在头部后上方挤出猴子的毛发。

❽ 在头部两边挤出耳朵的轮廓和腮毛。

❾ 在身体后部往前挤出猴子的尾巴。

❿ 用巧克力果膏细裱袋修饰猴子的眼睛。

⓫ 继续修饰嘴巴的轮廓。

⓬ 最后修饰猴子的手和毛发部分。

鸡

鸡的动态。

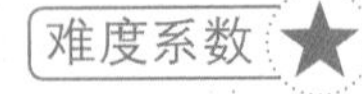

☆☆☆☆

制作过程

❶ 用圆花嘴挤出鸡的身体部分。

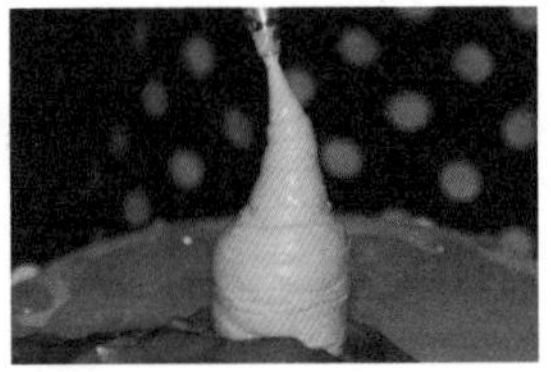

❷ 再用花嘴往正上方身体的前面垂直插进去挤出一个圆锥形。

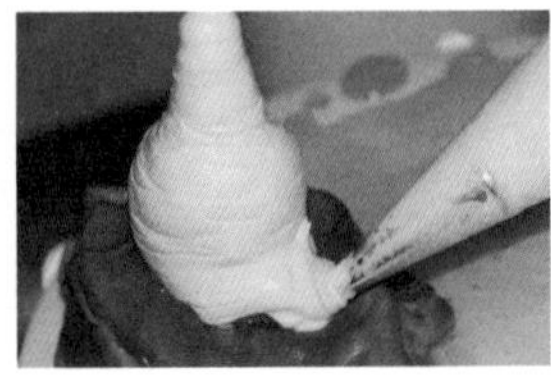

❸ 用圆花嘴挤出鸡的腿和尾巴。

❹ 注意尾巴的高度和协调程度。

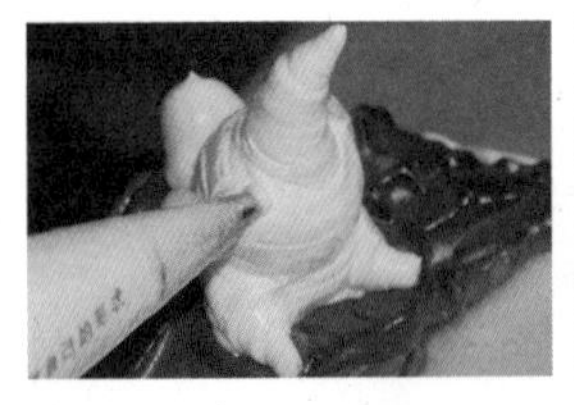

❺ 在身体两侧挤出鸡的翅膀。

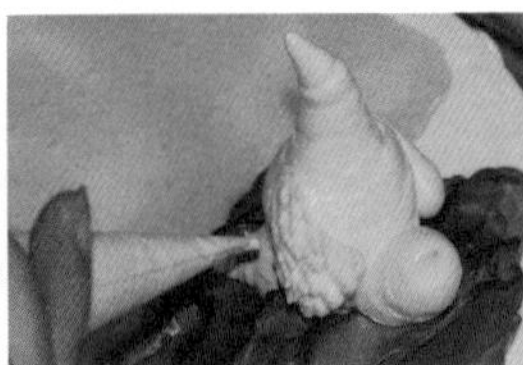

❻ 用鲜奶油细裱袋拨出翅膀的羽毛来。

❼ 用黄色和深银色的奶油沿着尾巴球体拨出有层次的扇形尾巴。

❽ 用红色奶油在腮部的中间位置，从下往上挤出下方的鸡冠。

❾ 再在头部上方从下往上挤出上面的鸡冠。

❿ 用橙色奶油挤出鸡的嘴部。

⓫ 用巧克力果膏修饰鸡的眼眶。

⓬ 最后挤出爪子等部位（公鸡与母鸡的处理仅区别于头部和尾巴）。

狗 GOU

四肢动态及面部神情。

难度系数

制作过程

❶ 用小号圆花嘴制作出狗弧形的身体。

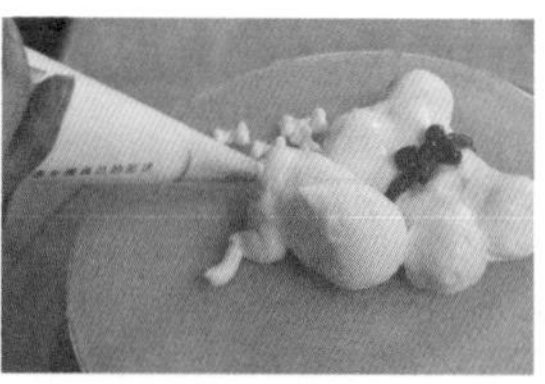

❷ 后腿和其他动物一样，直接从身体插进去往外直拉出来。

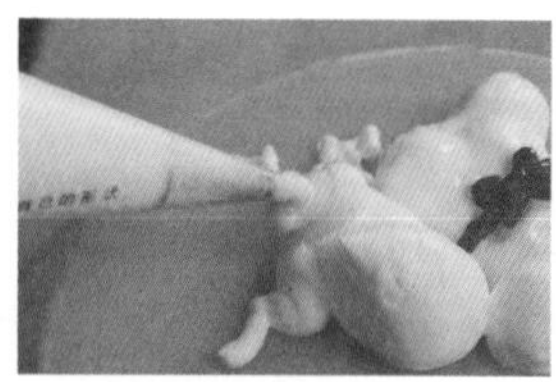

❸ 注意关节的体现。

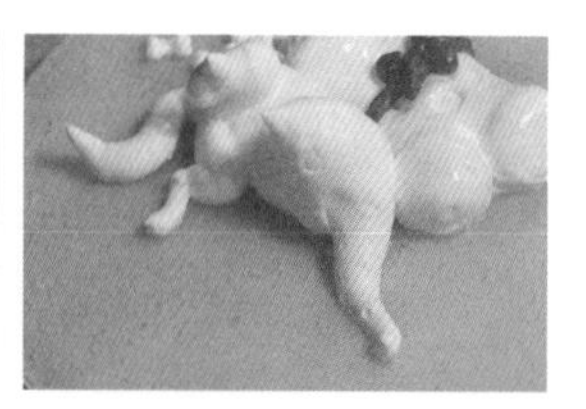

❹ 挤出狗的尾巴，尾巴根部要细。

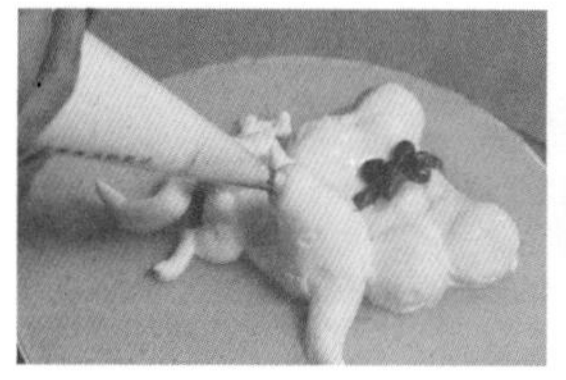

❺ 在身体的上方挤出一个圆球。

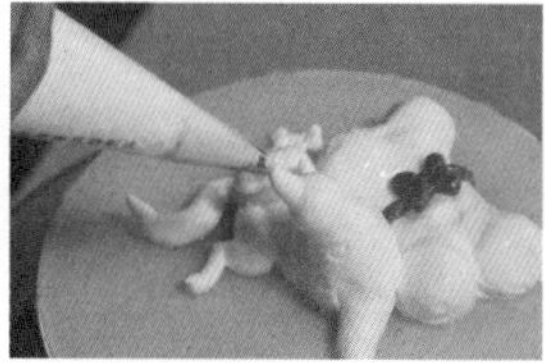

❻ 然后往前拉出一个长的嘴巴，长度和宽度相同。

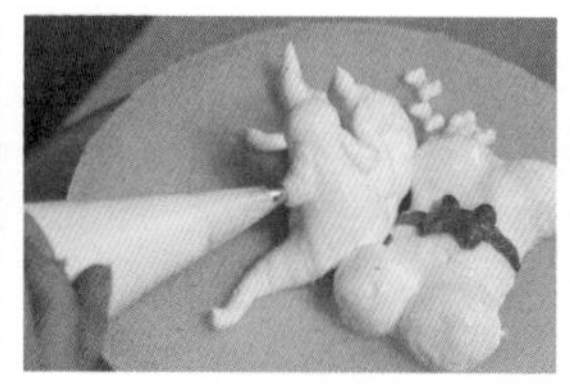

❼ 耳朵在后脑勺的两侧，先往上挤再往前弯，或直接往下拉出来。

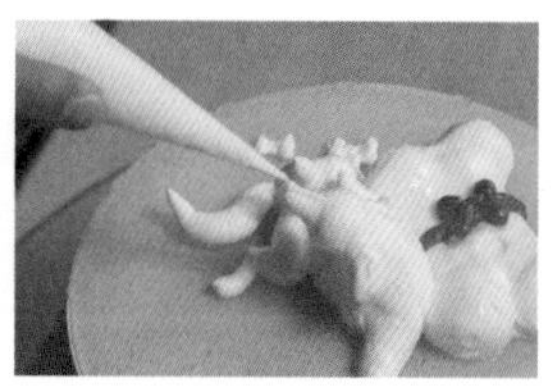

❽ 用鲜奶油细裱袋挤出狗的鼻子，注意轮廓的体现。

❾ 再挑出狗的眼眶轮廓。

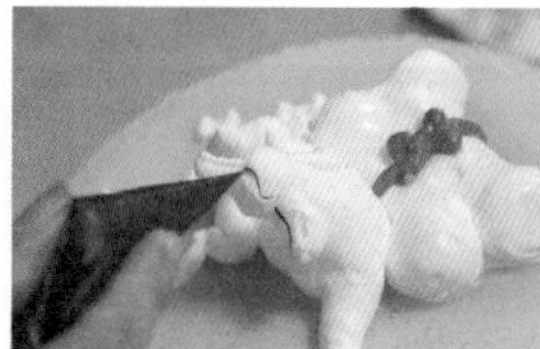

❿ 用巧克力果膏细裱袋修饰狗的耳朵和眼眶。

⓫ 注意两边眼睛的对称和平行。

⓬ 用巧克力果膏修饰狗的鼻子，在中间位置点上黑色的鼻头，再修饰狗爪。

猪 ZHU

重点
头部。

难度系数
☆☆☆

制作过程

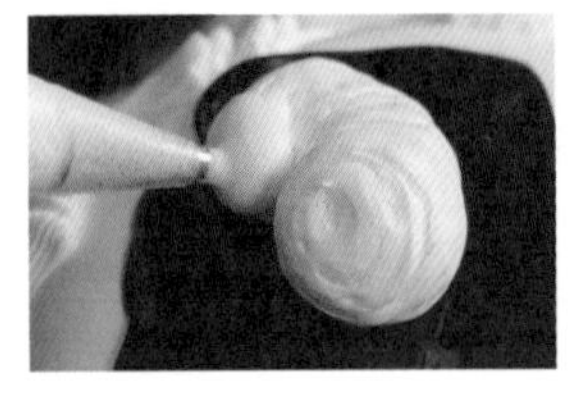

❶ 用圆花嘴挤出猪的身体，身体要胖一些。

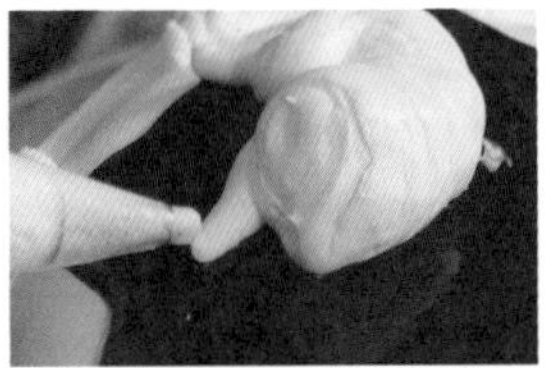

❷ 再挤出猪的腿部，可粗短一些，并注意关节的体现。

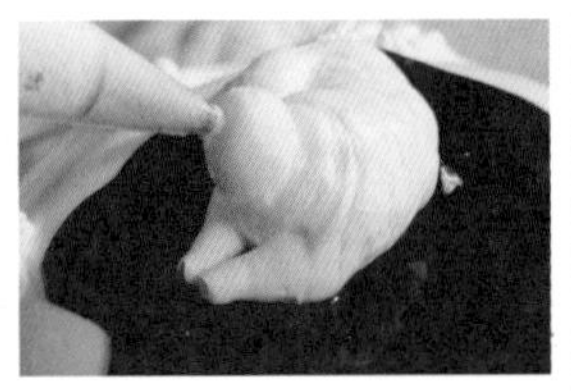

❸ 在身体的上方挤出一个圆球。

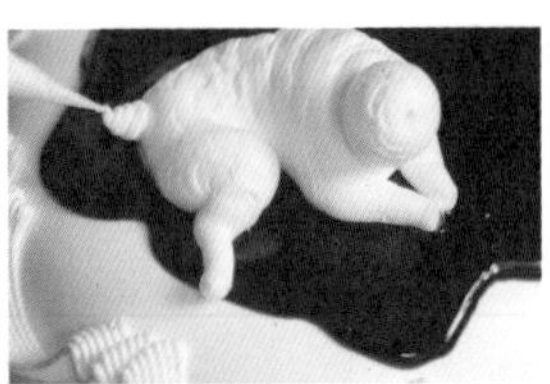

❹ 用鲜奶油细裱袋挤出猪的尾巴，尾巴可绕成多个圈状。

❺ 在头顶两侧制作出扇形耳朵。

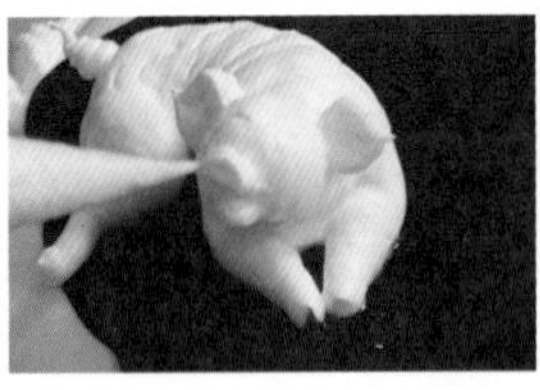

❻ 挤出猪的鼻子，成半圆形状。

❼ 用巧克力果膏细裱袋修饰猪的耳朵。

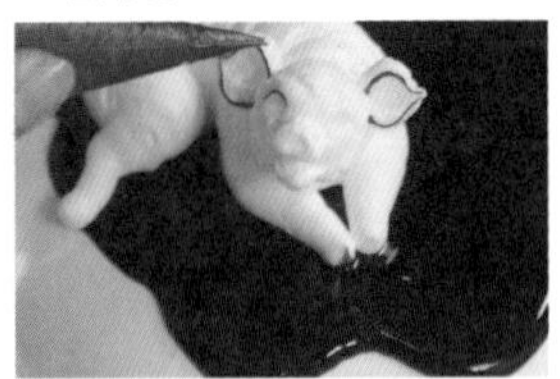

❽ 继续修饰猪的眼眶。

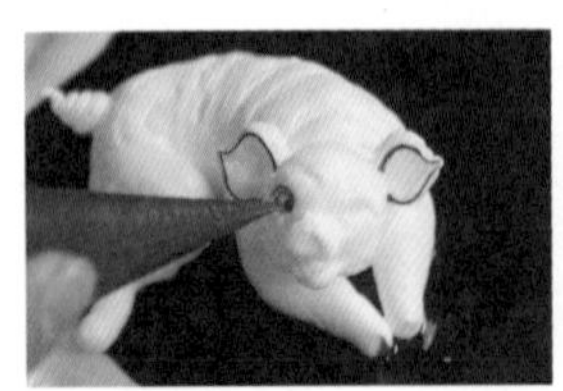

❾ 再修饰猪的眼睛和双眼皮。

❿ 修饰猪的鼻子和嘴巴。

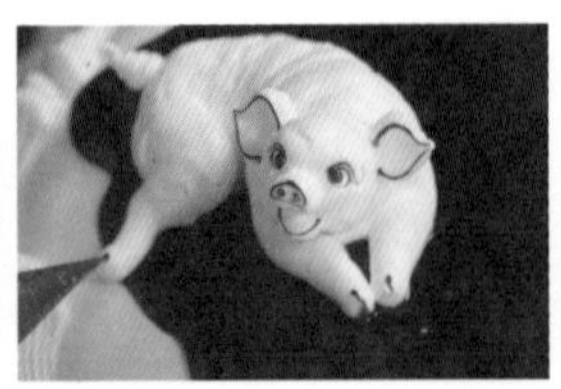

⓫ 最后用巧克力果膏修饰猪蹄。

⓬ 用彩喷粉给猪喷上颜色。

节日祝福 蛋糕制作

蛋糕除了在亲人寿辰或小孩生日时，用来表达祝福之意，还可以在节日及特殊日子为热闹温馨的气氛锦上添花。例如在友人升职时可以选择大展宏图的蛋糕，还有圣诞节、新年等节庆时，一个精美的蛋糕就能完美地应时应景。

寿星公蛋糕

Shou Xing Gong Dan Gao

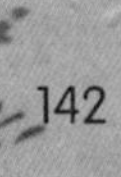

寿星公蛋糕

SHOU XING GONG DAN GAO

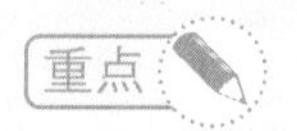

脸部表情。

☆☆☆☆☆

制作过程

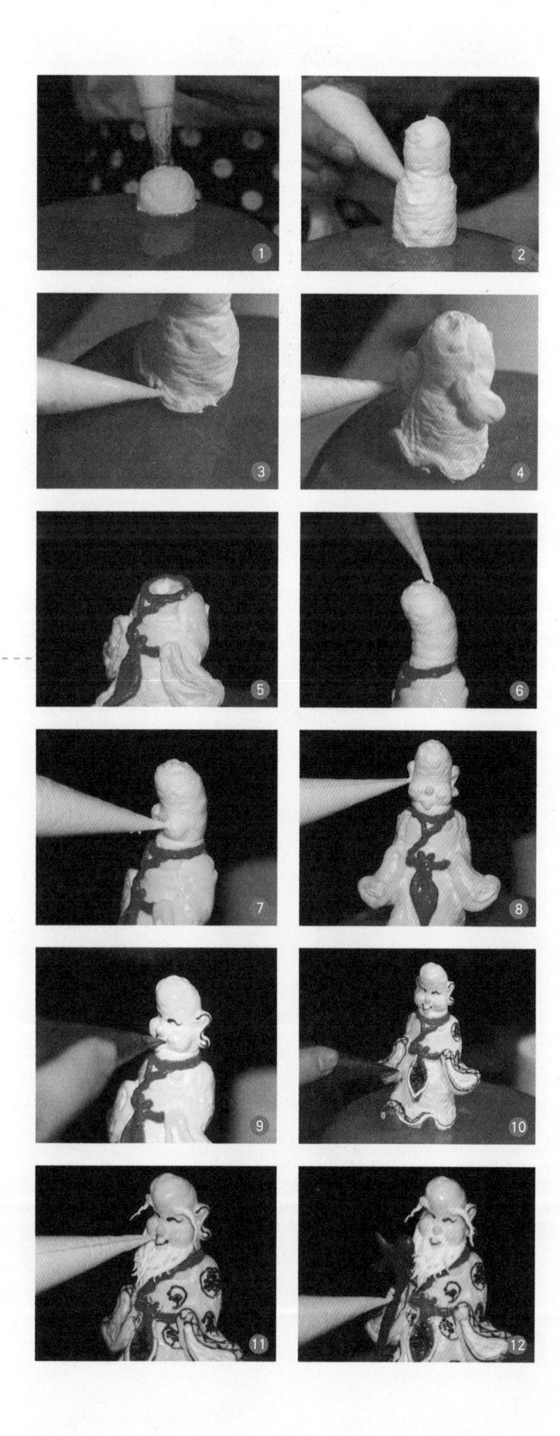

❶ 用小号圆花嘴挤出寿星公的身体部分。
❷ 注意下半身和上半身大小的变化。
❸ 用黄色奶油细裱袋修饰衣服底部的花边造型。
❹ 继续修饰衣服的衣袖、领子部分。
❺ 用红色奶油细裱袋修饰衣服的腰带和花边。
❻ 用黄色奶油细裱袋挤出寿星公的头部。
❼ 用淡黄色奶油细裱袋修饰寿星公的五官。
❽ 再挤出寿星公的大耳朵。
❾ 用黑色巧克力果膏修饰寿星公的耳朵、眼睛、嘴巴。
❿ 用黑色巧克力果膏修饰衣服上的花边，在红色腰带前面写上一个“寿”字。
⓫ 用鲜奶油细裱袋拨出寿星公的胡子和眉毛。
⓬ 放上制作好的巧克力拐杖并用鲜奶油挤出寿星公的手部。

寿星婆蛋糕

Shou Xing Po Dan Gao

寿星婆蛋糕

SHOU XING PO DAN GAO

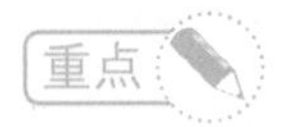

重点

裙子的动态。

难度系数

制作过程

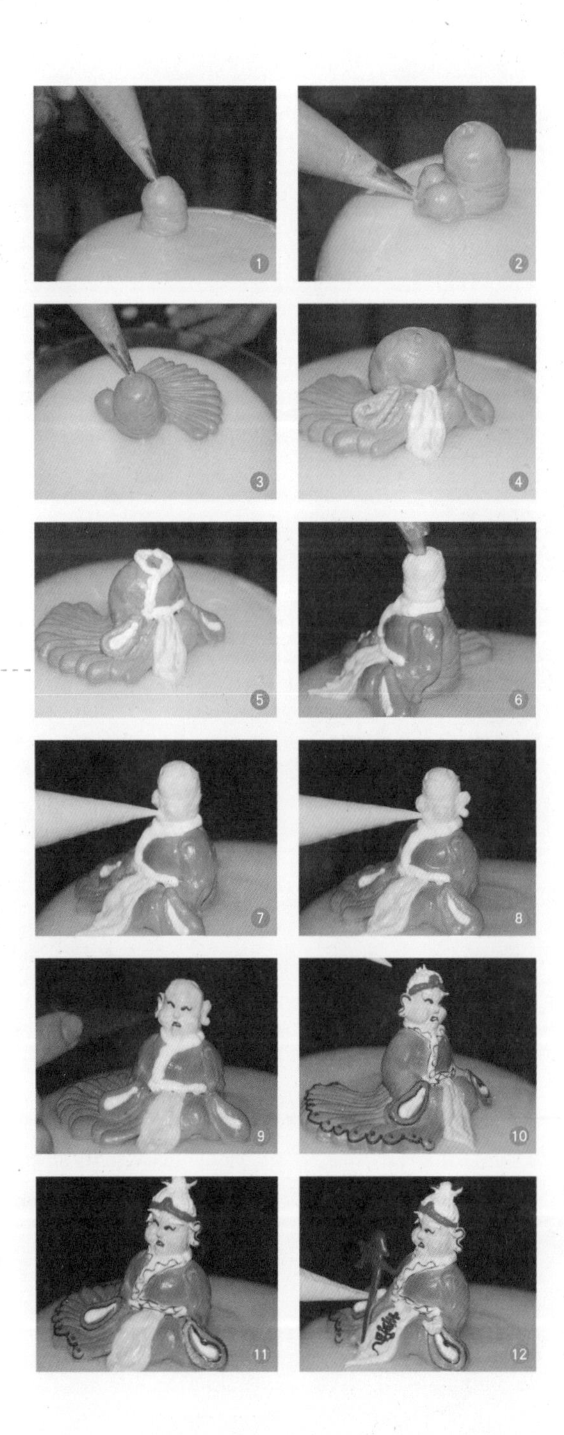

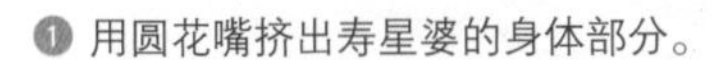

❶ 用圆花嘴挤出寿星婆的身体部分。

❷ 挤出寿星婆的腿部。

❸ 挤出寿星婆的裙子造型。

❹ 用黄色奶油细裱袋挤出衣服的衣袖。

❺ 用红色奶油细裱袋修饰衣服的腰带和花边。

❻ 用花嘴挤出寿星婆的头部。

❼ 用黄色奶油细裱袋修饰寿星婆的五官。

❽ 挤出寿星婆的大耳朵。

❾ 用巧克力果膏修饰寿星婆的耳朵、眼睛、嘴巴。

❿ 用不同颜色的奶油细裱袋挤出寿星婆衣服上的花边和帽子。

⓫ 用鲜奶油细裱袋拨出寿星婆的眉毛。

⓬ 在寿星婆腰带上写上“寿”字，放上制作好的巧克力拐杖并用黄色奶油挤出手部。

大鹏展翅蛋糕

Da Peng Zhan Chi Dan Gao

大鹏展翅蛋糕

翅膀的动态。

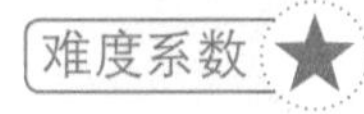

☆☆☆☆☆

❶ 用蛋糕专用毛笔蘸上食用色素绘制如图所示的太阳及光晕。

❷ 在蛋糕表面制作出太阳和山的背景图。用巧克力果膏细裱袋勾画出山峰，再用彩喷粉为山峰喷上颜色。

❸ 用小号圆花嘴挤出老鹰的身体。

❹ 再挤出翅膀的基本轮廓。

❺ 细致地制作翅膀上的羽毛。

❻ 注意角度和羽毛的形状。

❼ 用同样的方法开始制作另一边的翅膀。

❽ 在身体前方挤出老鹰的尾巴。

❾ 用鲜奶油细裱袋挤出老鹰身上的羽毛。

❿ 制作老鹰的羽毛时要注意细腻程度。

⓫ 用巧克力果膏修饰老鹰的眼睛，在老鹰的头部后方挤出鹰爪。

⓬ 用橙色奶油细裱袋挤出老鹰的嘴巴，整个蛋糕的制作就完成了。

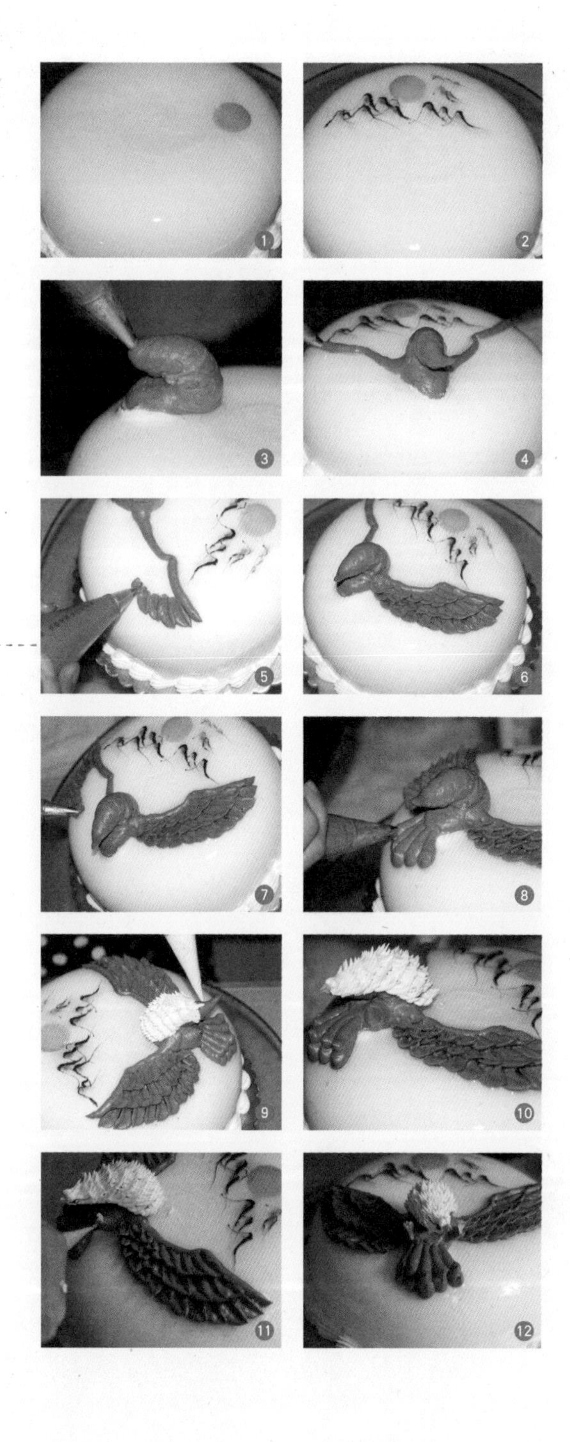

圣诞老人蛋糕

Sheng Dan Lao Ren Dan Gao

圣诞老人蛋糕

SHENG DAN LAO REN DAN GAO

帽子和礼物袋。

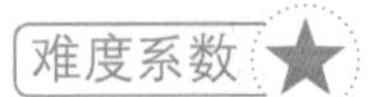

☆☆☆☆

制作过程

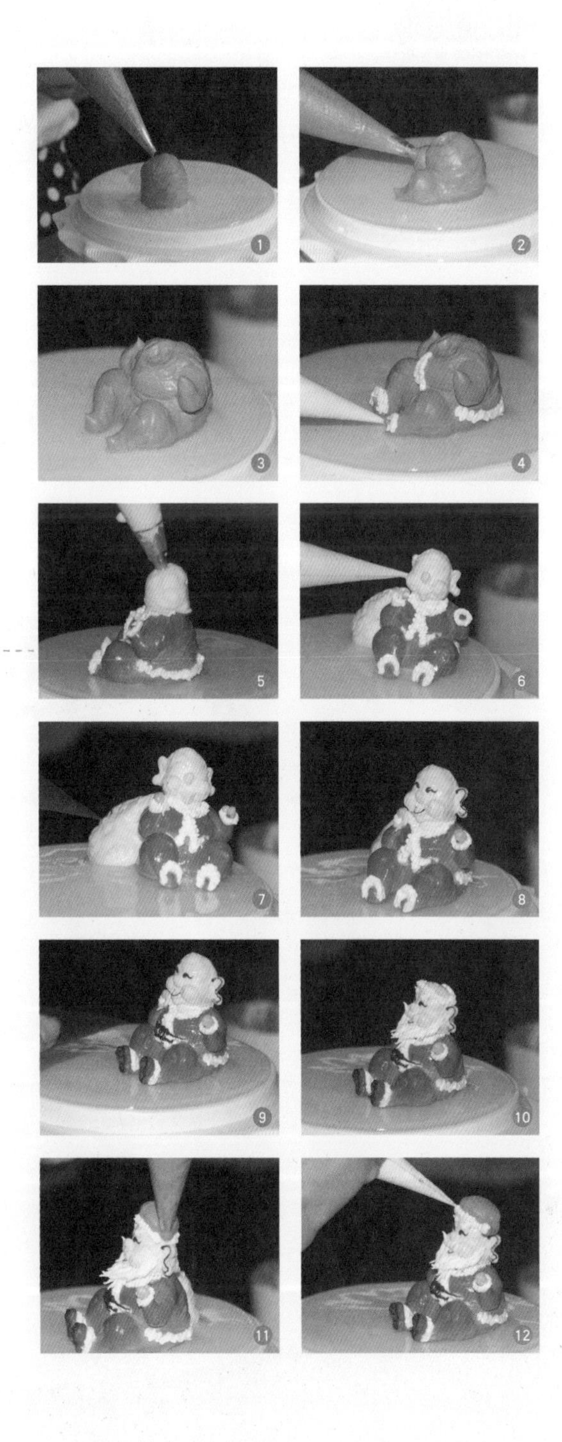

❶ 用小号圆花嘴挤出圣诞老人的身体部分。
❷ 再挤出圣诞老人的腿部。
❸ 挤出圣诞老人的手部，注意接口要完全插入后挤出。
❹ 用鲜奶油细裱袋挤出圣诞老人衣服的装饰花边。
❺ 用花嘴挤出圣诞老人的头部。
❻ 用黄色奶油细裱袋挤出圣诞老人的礼物袋，并修饰圣诞老人的五官。
❼ 用巧克力果膏修饰圣诞老人的礼物袋。
❽ 用巧克力果膏修饰圣诞老人的耳朵、眼眶和嘴巴。
❾ 用巧克力果膏修饰圣诞老人的腰带和鞋子。
❿ 用鲜奶油细裱袋修饰圣诞老人的胡子。
⓫ 在圣诞老人的头部挤出帽子造型。
⓬ 用鲜奶油细裱袋修饰圣诞老人的帽子花边，最后制作圣诞树，加上文字装饰后，即可完成蛋糕的制作。

松鹤延年蛋糕

Song He Yan Nian Dan Gao

松鹤延年蛋糕

SONG HE YAN NIAN DAN GAO

鹤的动态。

☆☆☆☆

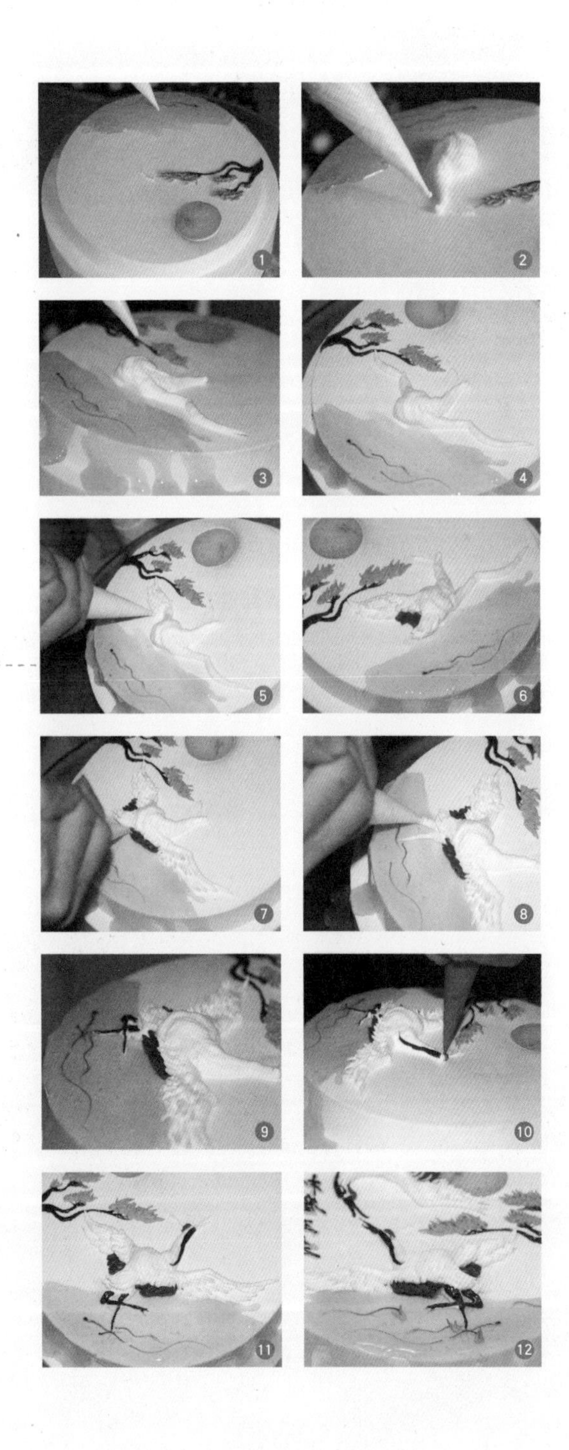

❶ 用蛋糕专用毛笔蘸上食品色素绘制出如图所示的装饰图画。

❷ 用鲜奶油细裱袋挤出白鹤的身体。

❸ 再挤出翅膀，注意弧度。

❹ 生动的基础轮廓很重要。

❺ 用鲜奶油细裱袋挤出白鹤的翅膀。

❻ 再挤出白鹤的尾巴。

❼ 用深银色鲜奶油细裱袋挤出翅膀后小部分的羽毛。

❽ 挤出白鹤的腿部。

❾ 用黑色巧克力果膏修饰白鹤的腿部。

❿ 挤出头部并用红色奶油细裱袋修饰鹤冠。

⓫ 挤出白鹤的嘴巴。

⓬ 用巧克力果膏修饰白鹤的嘴巴和眼睛。用相同方法绘制出蛋糕上另一只白鹤，并写上文字。

喜气洋洋蛋糕

Xi Qi Yang Yang Dan Gao

喜气洋洋蛋糕

XI QI YANG YANG DAN GAO

可爱表情。

☆☆

❶ 用欧式刮片刮出一个圆面蛋糕胚。
❷ 用圆花嘴开始制作喜洋洋的毛发部分。
❸ 制作毛发时注意弧度和比例。
❹ 用鲜奶油细裱袋修饰外围部分的毛发。
❺ 用巧克力果膏挤出喜洋洋的眼眶。
❻ 再挤出喜洋洋的鼻子。
❼ 用巧克力果膏挤出喜洋洋的嘴巴和眉毛。
❽ 用鲜奶油填充整个眼眶内部。
❾ 用巧克力果膏细裱袋挤出喜洋洋的眼睛，用红色奶油填充喜洋洋的嘴巴。
❿ 用鲜奶油细裱袋挤出喜洋洋的耳朵。
⓫ 用巧克力色奶油细裱袋挤出羊角。
⓬ 用红色奶油细裱袋在喜洋洋的下巴位置挤出一个蝴蝶结。

有凤来仪蛋糕

You Feng Lai Yi Dan Gao

有风来仪蛋糕

尾巴的动感。

☆☆☆☆

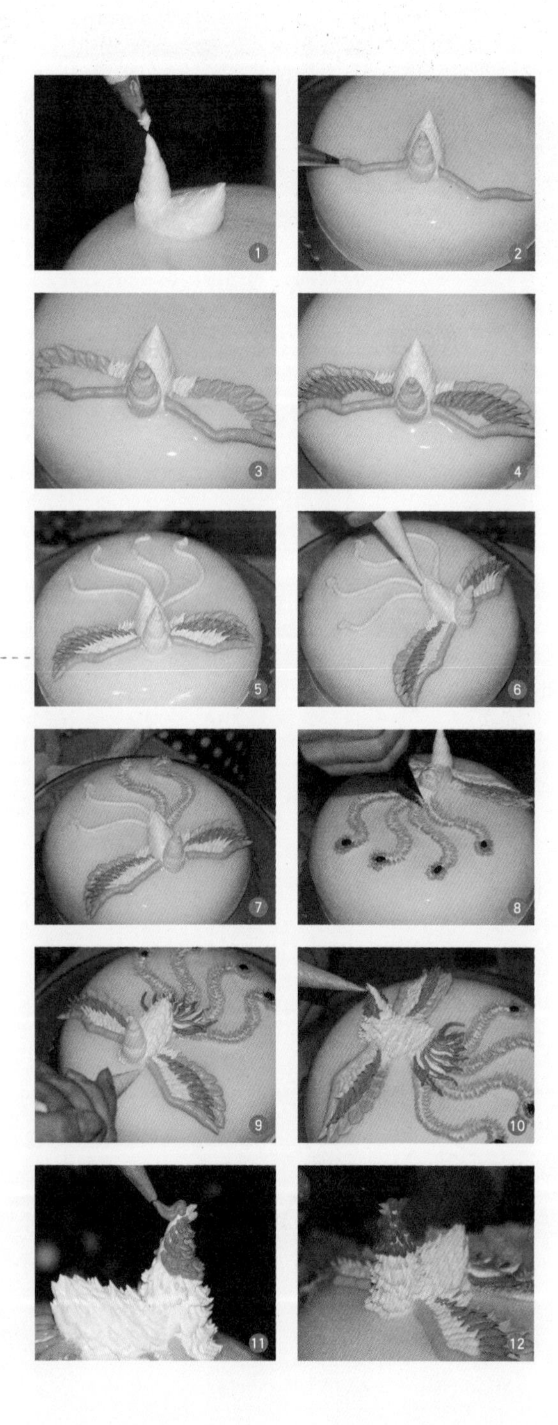

❶ 用欧式刮片刮出一个圆面蛋糕胚，挤上果膏并刮均匀，然后挤出凤凰的身体部分。
❷ 挤出凤凰翅膀的轮廓。
❸ 用蓝色奶油挤出凤凰翅膀羽毛的轮廓。
❹ 用紫色和黄色的奶油挤出翅膀上的羽毛。
❺ 用黄色的奶油挤出凤凰尾巴羽毛的轮廓。
❻ 用黄色的奶油挤出凤凰尾巴上的羽毛。
❼ 用鲜奶油细裱袋修饰凤凰的尾巴。
❽ 用巧克力果膏点缀尾巴。
❾ 再修饰凤凰身上的羽毛。
❿ 用红色的奶油挤出凤凰的嘴巴。
⓫ 用红色的奶油挤出凤凰的冠。
⓬ 用巧克力果膏修饰凤凰的眼睛，用前面讲述过的方法制作出装饰用花，完成蛋糕的制作。

新婚祝贺蛋糕

Xin Hun Zhu He Dan Gao

新婚祝贺蛋糕

XIN HUN ZHU HE DAN GAO

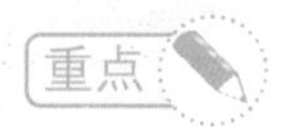

重点

人物脸部的表情。

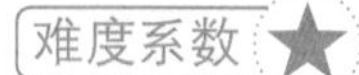

难度系数

☆☆☆☆☆

制作过程

❶ 用圆花嘴挤出一对新人的身体部分。

❷ 挤出新娘的手臂和裙子的纹路。

❸ 用圆花嘴挤出新郎的头部。

❹ 用巧克力果膏修饰新郎的衣领和耳朵。

❺ 继续修饰新郎的五官。

❻ 用鲜奶油挤出新郎的头发，再用巧克力果膏覆盖鲜奶油，给头发上色。

❼ 挤出新娘的头部。

❽ 用黄色奶油细裱袋挤出新娘五官的轮廓。

❾ 用橙色奶油细裱袋修饰新娘的头发，并修饰出新娘的五官。

❿ 继续为新娘做颈部的修饰。

⓫ 用鲜奶油细裱袋修饰新郎的手部。

⓬ 用鲜奶油细裱袋修饰新娘的手部，加上装饰花和文字后即可完成蛋糕的制作。

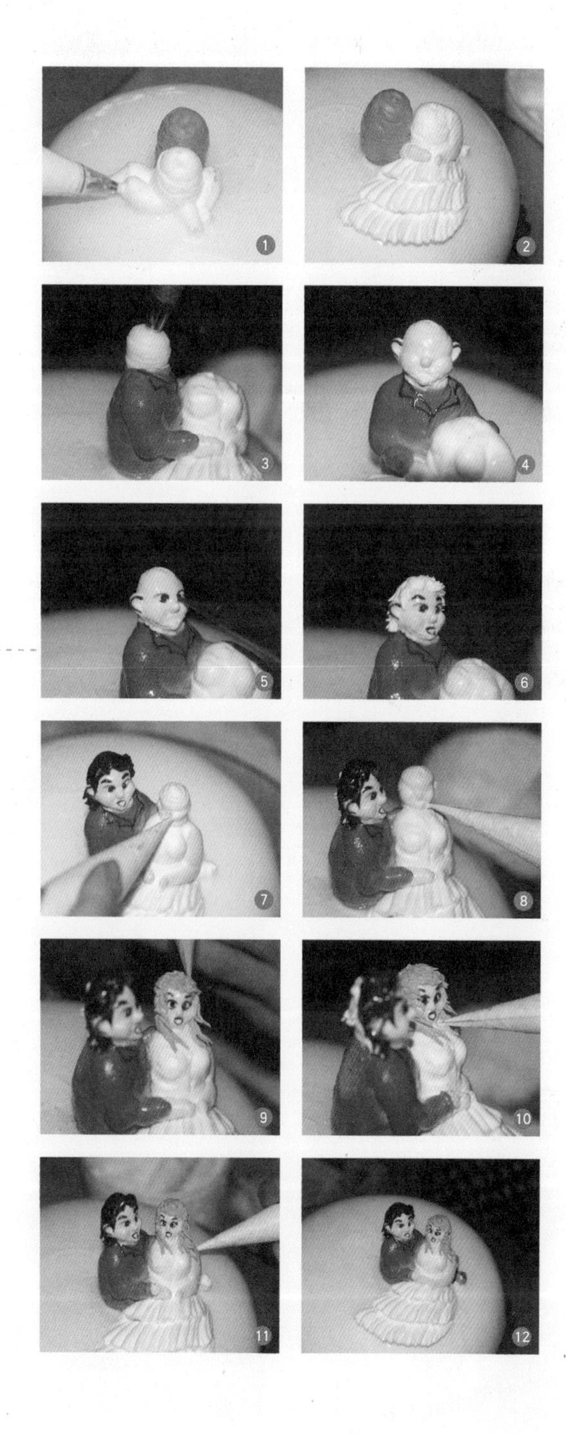

儿童生日

Er Tong Sheng Ri Dan Gao

儿童生日蛋糕

E R TONG SHENG RI DAN GAO

身体的动态。

☆☆☆☆☆

制作过程

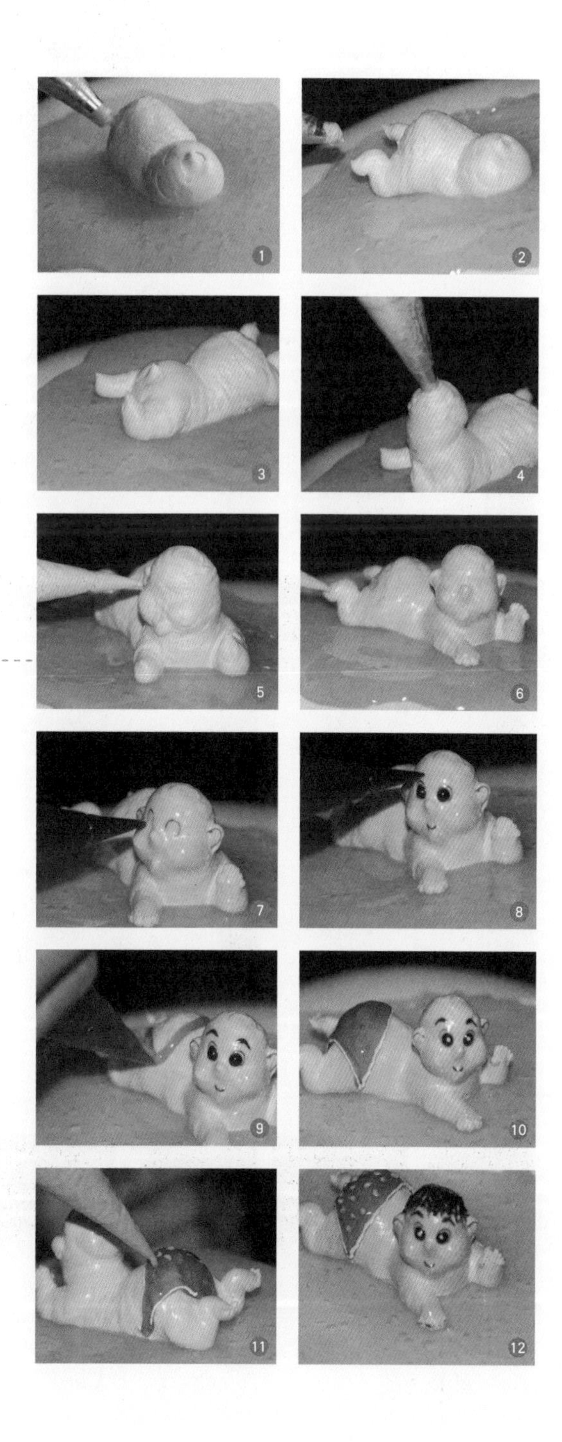

1. 先用花嘴挤出小男孩的身体部分。
2. 然后挤出小男孩的腿部。
3. 再挤出小男孩的双手，注意动态的体现。
4. 挤出小男孩的头部，用圆球来体现。
5. 用黄色奶油细裱袋修饰出小男孩的脸部轮廓。
6. 用火枪给小男孩身体的奶油加热后，再挤出小男孩的手指和脚趾。
7. 用巧克力果膏修饰出眼眶。
8. 用巧克力果膏修饰出嘴巴和眼睛。
9. 用草莓果膏挤出小内裤。
10. 用鲜奶油细裱袋修饰小内裤的花边。
11. 用紫色奶油细裱袋修饰小内裤的花纹。
12. 用巧克力果膏挤出小男孩的头发，加上装饰花和文字后即可完成蛋糕的制作。

新年快乐蛋糕

XIN NIAN KUAI LE DAN GAO

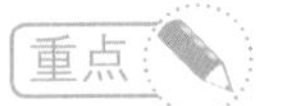

重点

雪人生动的表情。

难度系数

☆☆☆☆

制作过程

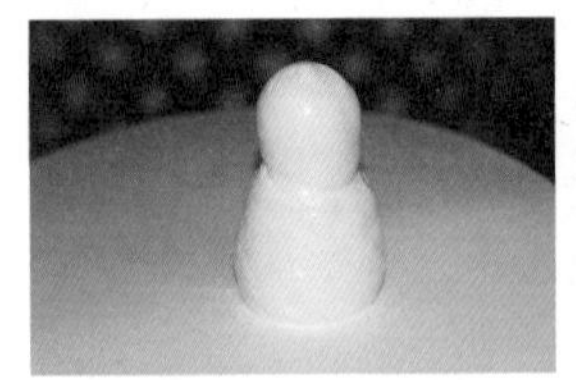

❶ 用圆花嘴挤出小雪人的身体部分。

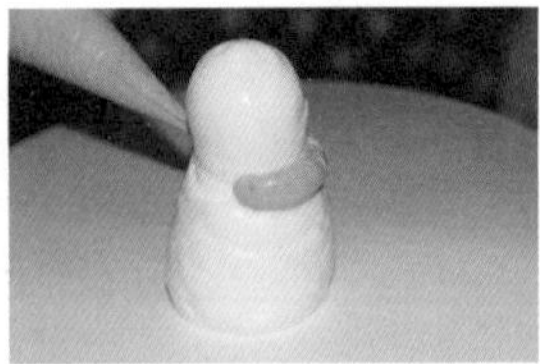

❷ 用粉红色奶油细裱袋挤出小雪人的围巾、纽扣。

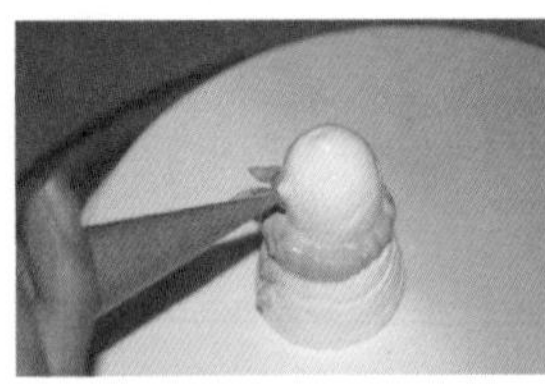

❸ 用淡红色奶油细裱袋挤出小雪人的鼻子。

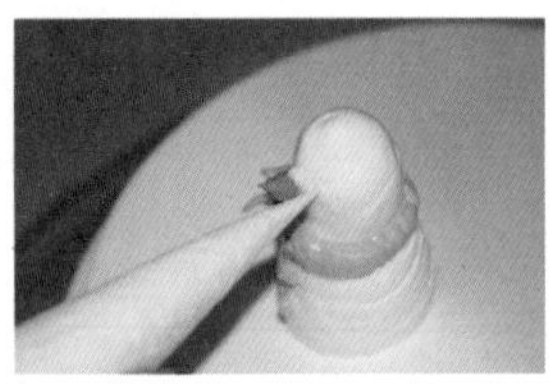

❹ 用鲜奶油细裱袋挤出小雪人的眼眶。

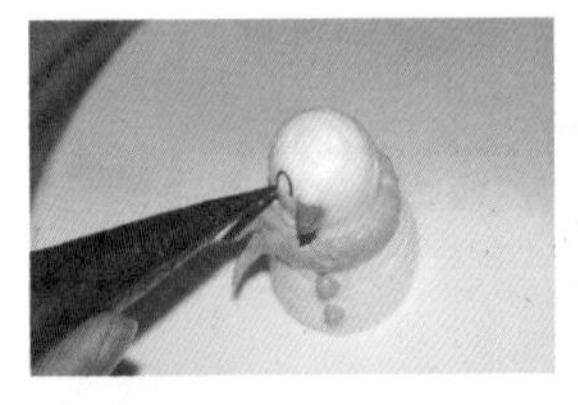

❺ 用巧克力果膏修饰小雪人的眼眶。

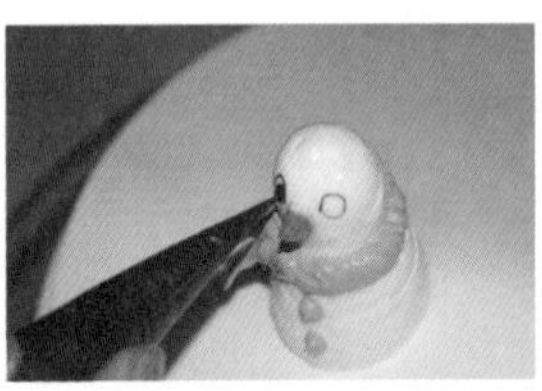

❻ 用巧克力果膏挤出小雪人的眼睛。

❼ 用巧克力果膏挤出小雪人的嘴巴。

❽ 用巧克力果膏挤出小雪人的眼睫毛。

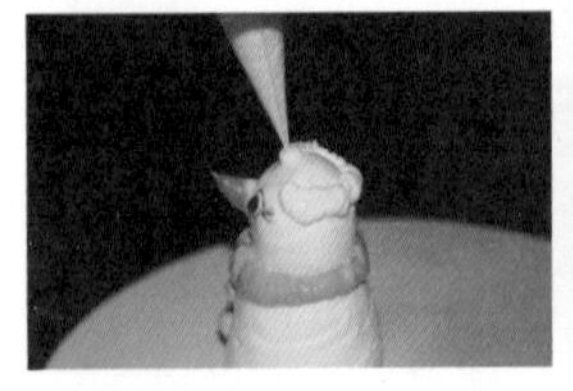

❾ 用鲜奶油在小雪人头顶挤出一个圈。

❿ 用鲜奶油细裱袋挤出小雪人头顶帽子的花边。

⓫ 用红色奶油细裱袋挤出小雪人头顶的帽子。

⓬ 用鲜奶油的细裱袋在帽尖挤出一个圆球，再用同样的方法制作出另外一个小雪人，加上圣诞树和文字即可完成蛋糕的制作。